辛亥史话

陈生铠群　著

山西出版传媒集团

山西人民出版社

图书在版编目（CIP）数据

华茅史话 / 陈生铠群著. --
太原：山西人民出版社，2019.5
ISBN 978-7-203-10844-3

Ⅰ. ①华… Ⅱ. ①陈… Ⅲ. ①茅台酒－介绍 Ⅳ.
①TS262.3

中国版本图书馆 CIP 数据核字（2019）第 086976 号

华茅史话

编　　者：	陈生铠群
责任编辑：	何赵云
复　　审：	刘小玲
终　　审：	阎卫斌
装帧设计：	范娅丽
封面题签：	辛希孟

出　版　者：山西出版传媒集团·山西人民出版社
地　　　址：太原市建设南路 21 号
邮　　　编：030012
发行营销：0351-4922220　4955996　4956039　4922127（传真）
天猫官网：http://sxrmcbs.tmall.com　电话：0351-4922159
E—mail：sxskcb@163.com　发行部
　　　　　sxskcb@126.com　总编室
网　　　址：www.sxskcb.com

经　销　者：山西出版传媒集团·山西人民出版社
承　印　厂：运城市精睿印务有限公司

开　　本：850mm×1194mm　　　1/32
印　　张：5.75
字　　数：85 千字
印　　数：1—2000 册
版　　次：2019 年 5 月　第 1 版
印　　次：2019 年 5 月　第 1 次印刷
书　　号：ISBN 978-7-203-10844-3

定　　价：45.00 元

中华传统文化的守护者

闫爱武

盛世修志,志载盛世。编修志书是中华民族的优秀文化传统,历史悠久,连绵不断。习近平总书记强调,"中华优秀传统文化是中华民族的突出优势,是中华民族自强不息、团结奋进的重要精神支撑,是我们最深厚的文化软实力。"在中华传统文化中,志书文化自成一脉,独树一帜,具有独特的魅力,是中华民族特有的文化基因,是最具有民族特征的标志性传统文化形式之一。中国地方志讲的是中国故事,是向全世界展示中国魅力的有力话语体系,不仅有助于认清中华文化和地域文化的历史渊源、发展脉络、基本走向,了解中华文化的独特创造、价值观念、鲜明特色,更有助于塑造我国的国家形象。

《华茅史话》，是以史话的形式，以大量的采访和历史资料，对酱香型白酒——茅台酒的起源、发展、工艺传承，以及对茅台酒文化传承的未来发展、规划进行了记载和论述。重点记述了茅酒之源——华茅的工艺传承、文化积淀、人文精神以及一代代酒师们一生只做一件事的工匠精神和对国家、对民族做出巨大贡献的事迹与文化。

通过发掘历史智慧，《华茅史话》旨在增强民族自豪感和民族凝聚力，发掘乡土文化资源，履行好志书类承载乡愁、延续历史文脉的重要使命。从而推动以爱国主义为核心的民族精神和以改革创新为核心的时代精神，成为实现中国梦的精神动力。

酒的文化，是博大精深的中国文化的一部分，历经数千载而不衰。远古时期，酒就有"久"、"有"、"寿"之内涵，中华民族的繁衍生息、健康长寿，离不开功勋卓著的"酒"与中国的酒文化。所以，不论是喜庆筵席、亲朋往来，还是逢年过节、日常家宴，人们都要举杯畅饮，增添喜庆气氛。同时由于酒有一种微妙的"神奇"作用，故千百年来，人们喜欢以酒祭祖、以酒提神、以酒助胆、以酒御寒等等。可以说,酒的"神奇"作用,充斥于生活中的方方面面。

不同时代、不同阶层的饮酒方式亦显多姿多彩。先秦之饮尚阳刚、魏晋之饮多豪放;唐代之饮多发奋向上的恢宏气度、宋代之饮多省悟人生的淡淡忧伤。"西晋七贤"的刘伶,以酒会友、嗜酒如命,有"刘伶饮酒,一醉三年"之说。唐代书家张旭,有"书道入神明,酒狂称草圣"的赞颂。

历朝历代对酒的赞颂难以计数。"酒气冲天,飞鸟闻香化凤;糟粕落地,游鱼得味成龙"、"四座了无尘事在,八方都为酒人开"、"酒里乾坤大,壶中日月长"、"一川风月留酣饮,万里山河尽浩歌",可谓美上加美,妙趣横生,令人回味无穷。

古之英雄豪杰,更是离不开酒的陪伴,《三国演义》中的"温酒斩华雄",气势恢宏、豪气冲天!秋瑾的"不惜千金买宝刀,貂裘换酒也堪豪。一腔热血勤珍重,洒去犹能化碧涛"更是把宝刀、烈酒、热血、壮志紧密地联系在一起,读后让人血脉偾张、豪情满怀!

中国酒文化的魅力经过几千年的传承,如今依旧令人沉醉。《华茅史话》记录的不仅仅是酱香型白酒——华茅的传承历史，更是记录了中国独特的白酒文化的传承，记录了中华民族魅力传统文化的传承！

《华茅史话》讲的是茅台酒制作中"华茅"一系的传承，记录了"华茅"一代代酱香宗师们对茅台酒默默无闻的特殊贡献。

这些默默无闻的一代代宗师，他们靠着工匠精神，用一颗安于默默无闻、执着于追求卓越的匠心，坚守初心、执着专注，秉持赤子之心，摒弃浮躁喧嚣，在自己的岗位上做好每一个细节、把握着每一个环节。

还是这些默默无闻的一代代宗师，出精品、出优质产品是他们永远追求的目标。他们时刻弘扬着这种"工匠精神"，精心打磨着每一个制酒的过程，时刻琢磨着每一个创新的灵感。

更是这些默默无闻的一代代宗师，他们把传承技艺当作传承工匠精神的基础。有了徒弟们的一代代传承，白酒文化才能更好地传承下去！

与此同时，还有一大批像党忠义、陈生铠群这样的文化学者，他们同样不图名利、不计得失，在弘扬传统文化的道路上默默前行，中华民族的传统文化才能历久弥新、永世不衰！

感谢本书的作者陈生铠群的邀请写序。对我而言，这不仅是对酱香型白酒——茅台的深入了解，也是跟随作者深度体会中国白酒文化的情感之旅，更是对中国传统文化的弘扬做出微薄贡献的人生体验！愿各位读者能和我一样，从《华茅史话》一书中获益良多。

让我们都来做中华传统文化的守护者！

2018 年 9 月 25 日于山西运城

（闫爱武，女，著名作家，运城市科普作家协会会长。对后土文化、关公文化、盐池文化都有一定研究，心理学公众号《土能心灵修复》开创者。）

为华茅文化鼓与呼

党忠义

琼浆茅台溯滥觞，玉液源自成义坊。

联辉肇始系反哺，晋地朱氏创辉煌。

二世应才承一脉，支云三代艺高强。

嫡传富杰攻尖端，琼浆玉液国宴香。

华茅绝艺四代袭，酿出美酒赛杜康。

酱香玉液话桑田，谁知工匠两鬓霜？

《华茅史话》臻为册，挖掘传承尽未央。

酱香宗师名事迹，"登天梯"酒祭苍茫。

2017年冬月，在贵州茅台镇第一次见到了铠群先生。初次相遇,就一见如故,用"一见钟情"来形容我们的缘分实不为过。从表象上看,是相互喜欢。其实,内在的原因,则是铠群先生那渊博的知识和横溢的才华,让我佩服得五体投地。他那蔼然可亲、虚怀若谷的风范使我非常愿意接近他。特别是他对茅酒文化的热爱和执着,让我这个"痴迷"者感到是"伯牙"遇到了"子期"。我是这样评价他的:

棋琴书画样样通,吹拉弹唱满江红。

天文地理都知晓,德艺双馨一文星。

方正贤良品性好,后生可畏人敬重。

斗重山齐德望高,怀才抱器人中龙。

铠群先生是一个很有名望的词曲作家、诗人、编剧、书法家。有自己的文化公司——北京铠群音乐文化制作中心,他还是中国琴箫斋书画院院长、山东孔子画院副院长。所以,他喜欢文化研究是理所当然的。但对茅酒文化的如此痴迷,却有点令人吃惊:在他踏入茅台这块热土,开始接触茅酒文化的这一年多时间里,不下十次亲临茅台,多次拜访酱香泰斗、茅台酒文化活化石张支云,与华茅第四代嫡传酒师张富杰一起研究茅酒文化，可以说是殚心研究，竭尽心力。

中国的酒文化源远流长，是中华文化的一个重要组成部分。酒文化的内在源泉，是那些神秘的酿酒大师。他们用智慧、用灵魂、用激情、用双手、用汗水，创造出了"超艺术"的极品，是琼浆玉液的缔造者。毋容置疑，他们只是千千万万个劳动者中的默默无闻的一分子。他们的普通身影与企业家的光环与荣耀相比，显得黯然无色。但是，他们追求卓越的创造精神、精益求精的品质精神、用户至上的服务精神，则是非常宝贵的，其社会价值难以计算！一百多年来，一代代酱香宗师们默默无闻地传承和弘扬着华夏文化的这个重要部分，对国家、对民族做出的贡献，永远值得我们敬仰！但是，他们是谁？世人却知之甚少，他们的事迹更是鲜为人知。每当谈起这些，我们俩都为之叹惜，都有一股强烈的发掘和弘扬大国工匠的愿望，所以"臭味相投"。当他在对相关的文化和现象了解之后，便想出写一本《华茅史话》的书，来将一代代大国工匠的事迹与文化展示给世人，来传承和弘扬博大精深的中华酒文化。

为写好这本书，铠群先生可以说是夜以继日、废寝忘食，其孜孜不倦的精神和执着的态度让我非常感动。

在付诸出版之前，将这些情况向读者作一简要介绍，是为序。

2018 年 8 月 18 日于山西运城

（党忠义，男，山西省芮城县风陵渡人，1956 年 8 月生。专职作家，著有《华夏始祖》《袁天罡与推背图》《酱香宗师》《九州之冀风陵渡》《摇篮曲》《华夏圣帝大舜》《中华英贤》《中华名孝》《中华帝王卷》《西侯度遗址》《六官铁事》《王察逸事》等多部著作。）

守护酱香魂

陈生铠群

　　中国的古老文化是黄河孕育的，华夏民族古老的文明是先祖们在黄河流域创造的。中条山和华山之间的黄河三角洲，是中华民族的摇篮。黄河岸畔、中条山下、雷首山上，乃至赤水河畔，都留下了远古祖宗一串串从荒蛮走向文明的足迹……像大自然一样自我修复了炎黄儿女的道法规律和人类生存的自然法则，在这个规律下，规范了礼仪，让人们知晓了什么是长幼尊卑；人类创造了文字，记录了人类历史长河的文明，也记载了酒文化的延续。

　　由于《华茅史话》是一部采访编著类书籍，在本书中又有大量的篇幅是来自于采访和相关历史资料，故而,在诠释《华茅史话》之开篇,我想借用著名作家党忠义先生,在《华夏始祖》酒文化一章中对酒神杜康是如何酿造美酒的过程,作为《华茅史话》的开篇:"轩辕手下有一个能臣叫杜康,杜康是个勤勉敬业、聪颖智慧的人,轩辕黄帝命他负责食物采集和管理军队和大营供应。杜康经常和后稷对接,从全国征集粮食,供军队使用。由于远古时期农耕条件很差,蜀类产量很低,粮食还是比较紧缺的。杜康心地善良,不愿看到民间因缺粮而发生饥饿,就经常带领随从在山野间采集野果,以补充军粮。野果因为含水量太大,易变质,保存难度大,吃不了几天就会腐烂变质。后来,他发现山洞里温度比较低,而且温度比较均衡,于是他就将采回来的野果储藏在山洞里。保障了军队和帝城人员的饮食。有一次,杜康带随员去山洞里面取水果,途中闻到了一股清香的味道,特别好闻,他兴趣大增,便顺着香味找了过去。走到跟前的时候,发现地上有一堆变质的野果。他估计,这堆野果可能是那个随从在采集过程中堆放的,后来在收集的时候遗忘在山坡上的。走到果堆跟前,突然发现,这堆变质的野果就是这股香味的源头。于是,就低下头凑过去再细闻了一下,感觉发自这里味道非常清香。再细看之，这堆变质的野果下面还渗流出一些黄水，他用手在黄水里沾了一下，放到舌头上尝了一下，那如甘露一般美味，感觉好极了。他非常兴奋，就将这堆野果里面的水挤压出来，带回到帝城。

当轩辕和众臣品尝到杜康带回的浓香的果水之后，大家都赞口不绝。轩辕对杜康说道："你的这个发现太重要了，好好琢磨一下，从坏果子里面把这个香水弄出来非常好，这样一来，就不怕水果变质了，还能给人间增加一种美味。"杜康领命以后，就开始琢磨如何批量的将变质野果转化为这种美味的液体。

因为野果中含有天然的野生酵母菌，聪明的杜康经过多次的实验，通过野果的发酵，终于酿出了美味的酒。

杜康的试验发明，为人类提供了一种可以享受的奢侈品——果酒。自那时起，酒就在民间慢慢普及开来，杜康也被后世人们尊称为"酒神"。

酒，在人类文化的历史长河中，它已不仅仅是一种客观的物质存在，而是一种文化象征，即酒神精神的象征。

在中国，酒神精神以道家哲学为源头。庄周主张，物我合一,天人合一,齐一生死。庄周高唱绝对自由之歌,倡导"乘物而游"、"游乎四海之外"、"无何有之乡"。庄子宁愿做自由的在烂泥塘里摇头摆尾的乌龟,而不做受人束缚的昂头阔步的千里马。追求绝对自由、忘却生死利禄及荣辱,是中国酒神精神的精髓所在。

故而,酒神精神发展到今天,也孕育出一代又一代掌握人类琼浆玉液的酒师,传承到今天,譬如在中华大地的赤水河畔,经过多少代人的辛勤与汗水,用大地之雨露、精气,人类的勤劳与智慧的结晶酿造了酱香之魂。同时也在多次的失败与成功之间体现了酱香酒的形态万千,色泽纷呈;《登天梯的梦》阐述了酱香文明的传承。

混沌初开,阴阳相照,

城阙遥望,莽莽天宇昆仑,

风云变换的华夏在诉说:

周秦汉的故事,

千年的孤独与自然。

太极圆转,两仪相生,

四象延绵,千年雨露滋润,

万物母亲的大地在孕育，

道法自然的规律，

给予了精华与岸然。

众生纯源，魂归道山，

杂念今了，五谷杂粮精气，

尘埃酿造的琼浆，

显现出酒神与酒仙。

酒神杜康，道尽千年苍茫，

酒仙富杰，传承华夏酱香，

清风与明月讲述了：

登天梯的长河，

延续着华茅文化的苦辣与酸甜。

　　既然要探索《华茅史话》，那么，必须讲述华茅酒。华茅酒，丰满醇厚、幽雅细腻、满口生香、回味悠长，让饮者有一种："道不尽，浩瀚书海谁风骚？梦离别，何时了？琼浆玉液醉逍遥"之感。华茅酒，是以其独特的文化传统、独特的酿造工艺、独特的地域环境、特殊的原材料，成为自然天成之作；成为中国大曲酱香型白酒的鼻祖、酒文化的丰碑；因荣获巴拿马万国博览会金奖盛名于世,成为世界名酒,荣登"全球十大最值钱奢侈品牌榜"。

誉满全球的茅台酒,源出于黔北大娄山脉西端群山环抱、钟灵毓秀、人杰地灵的赤水河干——茅台古镇。其独特的酿造工艺源自于茅台镇古老的华氏作坊——"成裕烧房"(后来更名为"成义烧房")。

同治元年(1863年),西南首富华联辉为满足母亲渴望喝到茅台酒的愿望来到了茅台。在茅台杨柳湾一片废墟的"太和烧房"酒坊原址上创建了"成裕烧房",恢复了中断七年的茅台酒生产。

华联辉的"成裕烧房",按照传统的"茅台烧春"回沙工艺,研制出了新工艺的"回沙茅"酒,烧制出酒质晶亮透明,微有黄色,酱香突出,令人陶醉,口味幽雅细腻,酒体丰满醇厚,回味悠长的琼浆玉液,开拓了白酒史上空前的神话,成为后世茅酒的源头。据《仁怀县志》载:"1939年在茅台杨柳湾侧出土清嘉庆八年(公元1803年)的化字炉上的'太和烧房'是至今唯一可考,较早酿制茅台美酒的作坊。""实为'茅酒之源'"。

研究茅台酒的历史、文化,首当其冲的便是研究华茅的历史、文化。这便是笔者撰写《华茅史话》的初衷。

  琼浆源茅台,玉液出圣手。琼浆玉液的缔造者用智慧、用灵魂、用激情、用双手、用汗水,创造出了"超艺术"的极品,铸就了茅台酒的金色品质的事迹与文化,世人却知之甚少。

  毋容置疑,他们只是千千万万个劳动者中的一个个默默无闻的分子。尤其到了现代,他们的普通身影与企业家的光环与荣耀相比,显得黯然无色。但是,他们的社会价值却难以计算! 一代代酱香宗师默默无闻地创造、传承和弘扬着华夏文化的一个重要部分,对国家、对民族做出了巨大的贡献,是永远值得人们敬仰的民族精英! 本书的重点就是撰写一代代宗师的事迹与文化。

2018 年 8 月 13 日于茅台

酱香魂

陈生铠群

有一个神奇的地方
那里娄山苍苍,赤水荡漾,
孕育出五谷春秋红樱糯高粱。
在那个人们向往的地方
秋收月,精选粮,
妥善储藏隔年酿。
三高两底琼浆液,
奔流不息出酱香。
七轮相聚得酒体,
酒藏五行弄情殇。

酱香酒，三年藏，

溯源五味无杂香。

六欲七情话千秋，

五脏六腑得滋养。

酒师一脉逐巨浪，

追本溯源乐未央。

酱香魂，人为本，

酒中乾坤问道忙。

目录

华茅宗师世袭表

【第一代茅酒巨匠】

朱酒师

（因名字失传，只知姓朱，故而暂定朱酒师）

↓

【第二代宗师】

郑应才

（1880 年 11 月 25 日 –1956 年 2 月 9 日）

↓

【第三代宗师】

| 郑义兴 | 郑银安 | 郑永福 | 张支云 |

↓

【第四代酒师】张富杰

华茅文化发掘与人文

【传承酱香魂】党忠义

琼浆源茅台

茅台,位于黔北大娄山脉西端。这里群山环抱、钟灵毓秀、人杰地灵,赤水河干是川黔水陆交通的咽喉要地。平均海拔 880 米,年平均气温 16.3℃,年日照时数 1400 小时,无霜期 311 天,年降雨量 800—1000 毫米。赤水河流经区域均为红砂土壤,土壤含钙丰富,喜水喜钙的野生构树漫山遍野。远古的时候,这里生存着一群古老的被称据有"观音洞文化"的贵州土著居民的先

茅台镇全景

祖——濮人（今仡佬族的祖先）。

濮人是这片土地上的原生民族，早在距今约一百万年前的旧石器早期，这一带便有人类先祖活动的踪迹。那些原始的濮人远祖，在崇山峻岭间打制石器、生息繁衍。虽穷乡僻壤，但历史悠久。《史记·西南夷列传》载：濮系民族"最大"的3个方国，仅夜郎在贵州境内。根据《僚的研究与我国西南民族若干历史问题》一文中记载："所谓夜郎国种人，实系原始据有云贵高原和湘西立陵地的濮系民族——由濮人到僚人直至现在的仡佬无疑。""仡佬"二字虽始见于宋代朱辅的《溪蛮丛笑》，而隋、唐以至宋代著述中的"仡僚"、"偈僚"、"葛僚"、"佶僚"等，都是"仡佬"的谐音异写。"僚"作为部落称谓当读作"佬"。"仡僚"这一称谓最早见于隋代黄闵的《武陵记》。魏晋以后由濮逐渐形成的"僚"，隋唐时又逐渐形成为"仡佬族"。"蛮夷仡佬，开荒群草"反映了仡佬先民——濮人是这片土地原生民族的谣谚。

茅台地方名先后更改过三次，最初的地方名叫马桑湾。之所以叫马桑湾，是因为赤水河边的茅台一带到处都长的是马桑树。后来又因为世居此地的濮人部落在此地砌了一口四方形的水井，又取名四方井。茅台周围的崇山峻岭之中，绵土层较薄，耕作条件差，人口少，庄稼不多,遍地都是茅草,后人又将村子的名字叫了茅草村,亦称茅村。渐渐地,生齿日繁,村庄变大了,生存需要稼穑,刀耕火种使茅草地也不断地向外退缩,只剩下村中的一座土台上,原生的茅草还在那里生长着。那座高台上的茅草对那些早期的濮人来讲,代表着土地,代表着对天地的信念,代表着先祖。所以,人们就开始在那座高台上进行祭祖。

濮人很注重祭祀先祖,为了追思先祖开疆之圣德,便在茅草台这块原始的标志上进行祭祀大典。大约到了宋代的时候,人们便以祭祖的茅草台取了村子的名字——茅台。茅台因之而得名的那座土台上,并非仅是自然生长的草。按亿佬族的风俗,除夕之夜是要祭祖的,濮人还要在糍粑上插上几片茅草,表示这个地方是自己的祖先开辟的。

赤水河畔群山环峙,形势险要,赤水河流经区域均为红砂土壤,土壤含钙丰富,水质清澈、甘洌无污染,水中含有大量对人体有益的微量元素,加之茅台镇方圆五公里范围内,夏天高温、高湿酷热,冬天温暖如春,独特的气候环境适宜各种微生物种群的生长繁殖和集结。勤劳勇敢的濮人在延续人类文明的脚步中,很早就知道了充分的利用这些自然资源。

在茅台一带,喜水喜钙的野生构树漫山遍野,这种特殊的自然环境和气候条件以及生长出来的构树的果实——聚花果非常适合酿酒。聪明的夜郎国人,利用这些得天独厚的野果酿造出了美味的果酒,开启了当地美酒的酿造历史。据《史记》记载:汉朝的时候,贵州西北部,赤水河中游,大娄山脉西段北侧的仁怀就生产着一种"枸酱酒",枸酱酒是由构树果实聚花果酿造而成。这便是原始的茅台酒。东汉人刘德在注《汉书》时称:"构树如桑,其椹长二三寸(雄花蕊),味酢。取其实(雌株聚花果)以为酱,美。蜀人以为珍味。"《诗经·小雅》中称"南山有构,北山有楰"。古代北方称构树楮,南方称为构。如今许多地区还称构树聚花果为楮桃、构桃。至于"酱",则是因为楮桃浆汁中果胶、果糖、鞣酸很多,古人酿造果酒没有下胶、精滤的过程,因此,酒体浑浊不清,故称为"枸酱"。

古代的夜郎国崇山峻岭,交通极为不便,通行主要靠的是水道,夜郎国的政治、经济、文化主要依附于珠江流域的南越国(南越国是秦朝行将消亡时,由南海郡尉赵佗起兵吞并桂林郡和象郡后于约前204年成立,于公元前111年为汉武帝所灭,传五世,历93年。都城位于番禺,领土包括今天中国的广东、广西两省区的大部分,福建、湖南、贵州、云南的部分地区和越南的北部),主要经济文化交流属于珠江流域经济圈。

古夜郎和外界的联系太不方便,红高粱产量很低,加之枸酱酿造技术仅为少数人掌握,因此,枸酱酒的产量很小,只供当时的部落王族享用。当然,也有极少数的一部分枸酱酒流入到南越国和巴蜀。汉武帝建元六年(前135年),汉武帝刘彻派使臣唐蒙出使南越(今广州),在南越王的宴席上,唐蒙品尝到了枸酱酒。

尝到了如此美妙的琼浆玉液,唐蒙非常高兴。为了取悦皇帝,唐蒙绕道鳛部(今贵州遵义习水县,根据秦汉时期的鳛水部命名的,1959年文字改革时改鳛为习),专门到那里取了枸酱酒,回京献给了汉武帝。

汉武帝饮了枸酱酒之后,觉得甘美异常,赞其"甘美",故有"唐蒙饮枸酱而使西域"之说。

至唐、宋时期,这里即已成为酒乡,酿酒之风遍及民间。茅台的酒房继承和发扬了源远流长的枸酱传统工艺,开始酿制优质大曲酒"风曲法酒",并形成了一定规模的生产能力,盛行于市。

"风曲法酒"以茅台镇独有的特产——优质红粱(糯高粱)为原料酿制而成的,所酿之茅酒香味独特,其中有90余种天然芳香物质至今用现代高科技手段仍无法鉴别命名。宋人张能臣以此酒质量佳美而将其写进《酒名记》，载入酒史。到了清朝，茅台村酒业已非常兴旺，有"茅台烧房不下二十家，所费山粮不下二万石"及"仁怀城西茅台村，酿酒全省称第一"的记载。茅台烧、茅台春、茅台烧春、茅春等系列茅酒名声鹊起，获得"酒冠黔人国"、"风来隔壁三家醉，雨后开瓶十里香"的赞誉。清仁怀诗人陈晋熙有诗为证："尤物移人付酒怀，荔枝滩上瘴烟开。汉家枸酱知何物，赚得唐蒙鳛部来。"清代大诗人郑珍也曾赋诗曰："橡蚕不自乌江渡，枸酱还从鳛部来。"

1784 年(清乾隆四十九年)，茅台村的"偈盛"酒号正式将自己的酒取名为茅台酒。

清朝道光年间，职任"军营统带"的福建人赖正衡受朝廷调遣，前往贵州仁怀地区驻防戡乱。公元 1826年，辞去军职，解甲归田。赖正衡离职之后，便在地理环境独特的茅台村创办了"茅台烧春"酒坊。

"茅台烧春"酒坊毁于兵燹之后，赖嘉荣传承祖业，致力于烤酒技术和茅酒勾兑工艺的研究，颇有成效。

玉液出圣手

西南首富华联辉（1833-1885年），字柽坞，贵州遵义县团溪人，多年经营盐号。清同治元年（1862年）搬迁贵阳，因盐号生意兴隆，家资白银数万两。先为副贡、举人，后被四川总督丁宝桢委办盐政。他涤荡陈规，改制为官运商销，在泸州设盐务总局，并在各产盐区设厂局，收购食盐，以同质同价销售给各地商人，商

华联辉（华茅创始人）

贩按零售价再卖给百姓。这一办法实施后,市场盐价稳定,当年就为国库增收白银 200 余万两。他在四川执掌盐政数年,功绩卓著,名动遐迩,被誉为经济大家。朝廷为奖励他破格授以知府留川补用,但华联辉辞谢不就,回乡经营自家产业,于光绪十一年(1885 年)1 月 9 日卒于四川,终年 52 岁。

华联辉还是个大孝子,一次回家探母时,78 岁高龄的母亲对他说,前些年你给我弄了些茅台的酒,我感觉很好喝。那一时期,我每顿饭总要饮上几口,感觉那段时间精神焕发,浑身是劲。这些天突然想喝那种酒了,可是家里没有了。华联辉听了母亲的话,马上派人到茅台去买酒。当手下人空手回来时,他才知道茅台因为战争,民不聊生,已经没有酒坊了。华母听后,竟茶饭不香,精神不振。于是,孝顺的华联辉动起了自己开酒坊的念头。

华联辉来到茅台后,看到的是昔日酒坊的一片片废墟,看到的是已经完全衰败的茅台酒业,他费尽周折,才打听到一个从山西过来的朱姓酒师在烧酒。

朱酒师(由于资料严重缺失,名字失传,生平事迹模糊,现已无法考证,只能通过三代酱香宗师张支云的记忆,知道他师祖姓朱,故而称之为"朱酒师")的作坊非常简陋,仅有两个窖池,产量很少。但朱酒师酿酒手艺很高,他酿制的酒非常好喝。华联辉到了茅台后,根据当地人的指点,找到了朱姓酒师的作坊。当他品尝了朱酒师烧的酒之后非常震惊,他从来没有喝过这么甘美的茅台美酒,当即决定聘请朱酒师给他烧酒。在朱酒师的帮助下,华联辉在已成一片废墟的茅台杨柳湾的"太和烧坊"酒坊原址上创建了"成裕烧坊",恢复了中断七年的茅台酒生产(后更名为成义烧坊)。

朱酒师是山西汾阳人,曾是杏花村的一位酿酒师傅。因为战乱,就从山西贩猪仔来到贵州,后来落脚到茅台。茅台得天独厚的自然环境深深吸引了他:这是一个酿酒的好地方!高手一看就能知道。酿酒人遇到这样的机会怎肯错

朱酒师

(陈生铠群根据第三代宗师
张支云犹存记忆所画)

过,于是他就落脚在茅台,用自己贩猪挣的几个钱开始自己酿酒。酿酒是需要很多钱的,因为手头钱不宽裕,他只建了两个窖池,自酿自用,多余的酒就卖出去补贴家用。他打算由小变大,在这里做出一番事业。当他遇到了华联辉这个有钱人之后,觉得是自己大显身手的机会,便非常积极地帮华联辉建酒坊、酿酒。

成裕烧坊建成之后,朱酒师根据东家华联辉的意思,按传统"茅台烧春"回沙工艺,研制出了新工艺的"回沙茅"酒。新工艺酿制出来的酒,酒质晶亮透明,微有黄色,酱香突出,口感幽雅细腻,酒体丰满醇厚,回味悠长!开拓了白酒史上空前的神话。

华联辉崇拜虞舜的孝感动天,是个大孝子,当华母看到儿子送来的酒时非常高兴,每顿饭总要饮上几口。自从喝了儿子送回来的茅台酒后,老太太心情舒畅,精神焕发,逢人就夸儿子孝顺。也许是心情的原因,也许是茅台酒的保健功效,华母居然活到了99岁。

初时,华联辉生产的茅台酒主要用于孝敬母亲、自饮和馈赠亲友或宴请客人,有时应付官场上、商场上的一些应酬,数量有限。酒问世后,华家有好酒的消息很快传开,前来索要和购买的人络绎不绝,他没有那么多酒,让很多人失望和不高兴,也给他带来许多烦恼。毕

成义烧坊旧址

竟这是一个很好的商机,为了满足市场需求,华联辉开始扩建厂房,扩大生产规模。

华联辉崇拜关公的义薄云天,处事以义气为重,他觉得,做酒、卖酒、喝酒,更应讲究一个"义"字。于是,他将扩大规模以后的作坊更名为"成义烧坊"。从此,奠定了茅台酒的"义"文化之魂。

随着市场需求的不断扩大,为了满足各方需求,1870年,华联辉又在四川设立了四川成义烧坊。规模与茅台镇成义烧坊不相上下,自此,华家在川黔两省都有酿酒,供应全国的所有分号,为市场提供了大量的茅台美酒。

因为华联辉,朱酒师成为一代茅酒巨匠。好在朱酒师收了一个好徒弟,就是后来的酱香泰斗郑应才(1880

年 11 月 25 日—1956 年 2 月 9 日），华茅的绝技得以传承。1894 年，六十多岁的朱酒师收下了 15 岁的四川小伙郑应才为徒。1915 年巴拿马万博会上获奖的茅台酒，便是出自时年 35 岁的大酒师郑应才之手。

第二代泰斗郑应才

郑应才，四川省古蔺县水口乡人，出生在川黔交界的大山里的贫苦农民家庭，从小就过着吃不饱、穿不暖的苦日子。为了有口饭吃，1893 年，年仅 13 岁的郑应才，到成义烧坊当了学徒。

酒坊的规矩是：学徒进入酒坊，必须先为酒坊服务七年。割三年草喂马，推三年磨，煮一年饭，才可以到酒坊去学手艺。

郑应才到了酒坊之后，酒坊掌柜便安排他给马厩割草。他虽说只有 13 岁，但个头高，体力好，已经像个小伙子了，割草这个活对他来讲算是轻松的。

郑应才天资聪颖，性格沉稳，为人老实本分守规矩，做事认真踏实。他严格按照酒坊的规矩和老板的要求，认真做好自己分内的事。由于认真，他每天割的草总比其他学徒割得多，而且草的质量好，酒坊掌柜对他非常满意。

"小孩勤，爱死人。"勤快的小孩在哪里都让人喜欢。郑应才吃苦耐劳、踏实认真的做事风格，也受到了酒坊大酒师的关注。1894 年端午，15 岁的郑应才被破例调到了厂房，开始参与粉碎粮食、踩曲、配料、上甑蒸粮、下甑泼量水、摊凉、堆积、下窖、封窖、开窖取醅等体力劳动。

郑应才到酒坊以后并没有任何其他想法，就是想着干好自己应该干的活，有饭吃，不受气。因为品行和原动力促使，初参加"工作"的郑应才每一项活儿都干的没挑剔，因此，他在酒坊也没有受人欺负，更没有挨过打骂。

这时候的朱酒师，已经六十多岁了，他很想培养一个称心如意的好徒弟。天资聪颖、性格沉稳，且做事认真、能吃苦耐劳的郑应才，无疑是老爷子的不二人选。次年的端午节，大酒师便收下了这个徒儿，开始对他进行严格的调教和培养。

学徒期间所要吃的苦和受到的惩戒自不必说，郑应才用自己辛劳的汗水，换得了成熟的酿酒技术。学徒期满之后，便成为成义烧坊的二酒师。过了几年，因为朱酒师年迈，便让郑应才挑起了大酒师的大梁。

由于郑应才得到了朱酒师的嫡传，加之他一丝不苟的严谨作风，华家的酒始终保持着最佳品质。

在此期间，茅台地方又先后增加了"荣和烧坊"和"衡昌烧坊"两座酒坊：

1879年，茅台村里的土财主石荣霄、孙全太和"天和"盐号老板合股开设了一座酒坊。因为是三家合股，就三方各取一字，定酒坊名为"荣太和烧坊"。聘请的是华家的酿酒师傅，酿造出了和成义烧坊一样品质的酱香型的茅台酒。

酒坊建起之后，由孙全太掌柜，三家分别按股提取利润。1915年，仁怀县分为习水、仁怀两县，孙全太家距茅台较远，又忙于在家乡习水长沙扩充自己的势力，两边事情顾不过来，便辞去了掌柜职务。烧坊由石荣霄负责经营。石荣霄原本姓王，为石家养子，后又更名王荣。这个时候，孙全太为了收回投资，进一步扩大他在习水的势力，以石荣霄账目不清为由，提出诉讼，经仁怀县官方裁决，由王荣以二百两银子股金和股息退给孙全太，孙全太退出股份。孙全太退股之后，"荣太和烧坊"更名为"荣和烧坊"。

1914年，华联辉去世后，14岁的儿子华之鸿（1871年-1934年）主管了盐号永隆裕，接管了茅台的成义烧坊,并对酒坊加大了投资,扩大了生产规模。

华之鸿接管永隆裕盐号之后,盐号所属铺面数百家,布满大半个贵州,成为当地巨富,享有"华百万"之称。期间,华之鸿曾担任仁怀厅儒学训导,参与官办贵阳通省公立中学堂,开办贵阳文通书局印刷厂,并资助创办《黔报》、尊祢中学堂、贵阳优级师范等。曾鼓吹立宪,为贵州宪政预备会成员之一。先后担任贵州谘议局筹备处议绅、贵州商务总会会长。辛亥革命后,被推举为军政府财政部副部长兼官钱局总办、贵州都督府政务厅财政司司长。

1914年春,巴拿马运河这一条连接太平洋和北美洲的大运河开凿成功。为了隆重庆祝这个伟大工程的竣工通航,扩大影响,美国政府决定在旧金山召开一次世界物品的展览会。由于参加国家众多,故又称为万国博览会。

万国博览会期间,参加会展的45个国家都把本国最好的工农业产品、土特产品送往旧金山参加竞赛,争取荣誉。

万国博览会名为展览会,实为一次争奇斗艳的大比赛,在当时可谓盛况空前,是世界上颇负盛名的一次大型国际博览会。

1915年3月9日,巴拿马万国博览会开幕
当日中国馆全景

　　1915年冬天,为参加巴拿马万国博览会,贵州省巡
按使公署派员到了茅台。郑应才从酒库里拿出了一些
好酒,让来人品尝,受到了高度的赞扬。巡按使公署的
官员经过认真品选,最后选定:由成义、荣和两家烧坊
拿出自家最好的茅酒去参加巴拿马万国博览会。因为
是代表国家参赛,郑应才非常认真地对参赛酒进行了
勾调,灌装、密封之后交给了老板,老板派专人护送,随
同当时的农商部周次长等人去巴拿马,出席了万国博
览会。

　　展会期间,茅台酒因包装简陋土气,几乎无人问
津,展台前门可罗雀。万国博览会紧张地进行了几天之
后,各国送展名酒的评选就已基本上初见分晓。由于当

时我国国际地位低下，评委会的那些人被各国名酒的华丽外观所吸引，对来自中国的、土里土气的陶制"棒棒瓶"装的茅台酒不屑一顾，连尝都没尝。

在为法国白兰地获得金奖而设的大型宴会上，强烈的民族自尊心和自信心使茅台酒代表气愤之极，他拿起一瓶茅台酒佯装失手，将酒瓶"嘭"的一声掉在了地上。

酒瓶摔碎之后，里面的酒洒了一地。顷刻间，宴会厅酒香四溢，一种与众不同的香味充满了整个大厅。

宴会厅四座震惊，有人上前拾起茅台酒瓶碎片往鼻子上一闻，顿觉幽香扑鼻，妙不可言，大声惊呼："好酒！"各国的评选委员们面露愧色，只得重新入座，品尝评论中国的茅台酒。

经过反复比较、品评，评委们一致认为茅台酒色、

1915 年巴拿马万国博览会参展的茅台酒

香、味俱佳,的确是款少见的好酒。按茅台酒的质量,本应评为世界名酒之首,但因当时我国的国际地位低下,与法国的科涅克白兰地、英国的苏格兰威士忌共享世界三大蒸馏酒的盛名,获得了金牌、奖凭(状)。

从此,茅台酒跻身于世界三大名酒行列,成为中华民族工商业率先走向世界的杰出代表。

茅台烧酒荣获巴拿马万国博览会金奖之后,"怒掷酒瓶振国威,香惊四座夺金奖"的故事便在国内传开。

名可以带来利,争名夺利,是商家的本性。成义烧坊在巴拿马万国博览会上获得金奖之后,经营规模不断扩大,由起初的年产量1750公斤逐步扩大到

茅台酒在巴拿马万国博览会所获金牌

21000公斤。这时,王家和华家为国际金奖的归属问题发生了争执。因为争执无果,便打起了官司,这官司一打就是三年。1918年,由贵州省公署下文,对金奖归属问题进行了规定:两家均有权使用"巴拿马万国博览会

获奖"字样的权力。

自己酿造的酒获得了国际金奖，郑应才并没有沾沾自喜。他还和以前一样，按部就班的烧酒、勾调。因此，在巴拿马万国博览会之后，茅台酒誉满全球，社会上对华、王两家的酒赞不绝口，但很少有人知道这琼浆玉液出自于郑应才之手。

1927 年后，46 岁的华之鸿青灯礼佛，不问俗事，将家业交给了儿子华问紧经营。自从郑义兴被荣和烧坊请走之后，郑应才又先后培养了郑银安、郑水福、张支云等徒弟，为华茅的传承起到了决定性的作用。

1929 年，在贵阳开"天福公"商号经营鸦片的周秉衡，因鸦片买卖风险太大，便与四川叙水县商人贾文钦商议，共同在茅台投资创办烧坊，烧坊厂址与荣和烧坊隔街相望，取名"衡昌烧坊"，所生产的酒也命名为"衡昌茅台"。

1930 年，因周秉恒"天福公"商号破产，恒昌烧出的酒质量不过关，被迫停止生产，长达 8 年之久。

1938 年，贵阳富商赖永初出资大洋 60000 元，入股周秉衡的衡昌烧坊，成立了"贵阳大兴实业公司"。

1941 年，赖永初前后又花了 10000 元大洋，独资接管了衡昌烧坊。之后，又将"衡昌烧坊"更名为"恒兴烧坊"即"赖家茅酒厂"。从此,衡昌茅台也被称为"赖茅"。

1918年(民国七年)石荣霄还宗王姓,还名王荣。到王荣的长孙王少章时,酒坊已基本为王家独揽。

1930年前后,孙全太的后人孙明远在军阀侯子担的部队任职,便借股权问题制造纠纷,要求清算历年账目。此时王荣的长孙王少章已死,由其弟王泽生接管,王泽生知道孙明远难以对付,只好送去一千瓶酒了事,孙家与荣太和烧坊从此再无任何瓜葛。1936年,另一个股东"天和号"老板也将股权全部转让给王泽生,至此,烧坊就全部落到了王荣及其后人的手中,烧坊也正式更名为"荣和烧坊",品牌以"王茅"面世。

华、王两家的酒因在巴拿马万国博览会获奖,在全球名声大振,国内更不必说。许多商人都想染指茅酒的生产,市场上竟然出现了许多假冒华家酒的品牌,假冒酒直接影响到华家酒的经营、生产和声誉。面对不良商家的侵害和混乱的茅酒市场,华问渠采取了一些措施。1938年秋,他邀请茅台的大小烧坊和四川的12家烧坊,并亲自出面,特别邀请当时的绅士名流,约定在贵阳杏花村设宴,席间论酒。消息传出,沸腾了整个贵州。

由于确保了质量和声誉,民国二十四年(1935年),在四川成都举行的"西南各省物资展览会"上,成义烧

当年的茅台酒商标图案

坊的华茅酒获得特等奖。

华茅在民国时期可以说是声名远扬，但同时也给成义烧坊带来了不少麻烦。

这一时期，蒋介石的亲信何辑五以特派员的身份回到了贵州。

蒋介石任命何辑五(贵州兴义人，贵州省军管区司令部少将参谋长)为贵州省政府委员。任职期间，1937年12月，何辑五成立了贵州企业公司。

因为华茅酒的名声很大，何辑五多次想把华家成义烧坊并购到他的"贵州企业公司"名下。华问渠不想加入，百般推托，何辑五却不肯相让，步步紧逼。在万般无奈的情况下，华问渠特意送了两千瓶华家酒给了何应钦(贵州兴义县人，国民党一级上将)，请其为之求情。在何应钦的干涉下，何辑五(何应钦四弟)才收手作罢。

民国时期，由于战乱，茅台的三家作坊生产也无法正常，产量连年下降。1950下半年，贵州全境解放，解放军某部副营长张兴忠带领12名战士奉命进驻了成义烧坊。

1951年11月8日，仁怀县人民政府决定收购成义烧坊。仁怀县人民政府请示省、地专卖部门同意，责成当时的县税务局兼专卖事业局负责人王善斋出面，由本县知名人士周梦生先生作中证人，征得"成义烧坊"老板的同意，分别于1951年11月5日和1951年11月8日两次立约，一次为烧坊房产、一次针对辅助房产，以旧币1.3亿元、折合人民币1.3万元（其中1000元是契税和工本费）将"成义烧坊"全部购买过来（款项于当月8日签约时付清）。

华问渠是一个开明的绅士，贤达的资本家。他一

老酒师郑应才之墓

贯拥护共产党的主张,拥护共产党的领导,支持共产党领导的人民政府。当政府支付他 1.3 亿元时,他只收了 1 亿元,给政府退回了 3000 万元。

购买成义烧坊之后,仁怀县人民政府正式成立"贵州省专卖事业公司仁怀茅台酒厂",张兴忠担任第一任厂长。

为了胜利完成社会主义改造,扩大茅台酒的规模和产量,当地政府在过渡时期总路线指引下,决定整合"华茅""王茅""赖茅"三家的资源,扩大茅台酒的生产规模。

"荣和烧坊"的老板王秉乾因为不理解当时的社会政策,不支持共产党领导的政府工作,终于导致烧坊停止了生产。1952 年 10 月 4 日,仁怀县财经委员会决定将"荣和烧坊",估价 500 万元旧币(合人民币 500 元)并入了茅台酒厂。

"恒兴烧坊"虽然在建国后多次得到政府在经济上的扶持,维持了生产,但老板赖永初却采取了一些不当的手段,最终导致了烧坊走向低谷,被政府接管。1952 年 12 月底,遵义地区财经委员会向仁怀县财经委员会转发贵阳市财经委员会 1952 年 12 月 19 日关于"接管赖永初恒兴酒厂的财产"的通知,由仁怀县财委转交茅

当年购买成义烧坊的收据

台酒厂接管。

　　1953年春,张兴忠来到"恒兴",由资方代理人韦龄出面召集"恒兴"职工,张兴忠宣读了关于没收"恒兴"的文件,获得恒兴全体职工的拥护与支持。经过对全厂的财产清点造册,共折价2.25亿元(旧币)合人民币2.5万元。至此,三家私营茅台酒烧坊合并为国营贵州茅台酒厂。1953年8月1日由省专卖事业局划归贵州省工业厅领导,为工业厅的直属企业。

第三代宗师郑义兴

郑义兴，四川省古蔺县水口乡人。解放前曾担任成义、荣和、恒兴烧坊的酒师，第一代茅台酒厂酿造的核心力量。

郑义兴是郑应才的侄子。民国 2 年（1913 年），为了传承郑家的酿酒绝技，郑应才从四川省古蔺县水口乡把侄子叫到了成义烧坊，开始手把手教他酿酒。那一年，郑义兴 18 岁。

郑义兴聪明、勤奋，很快就在叔叔的指导下，精通掌握了茅酒烧制的技术。由于郑义兴烧酒技术好，学徒期未满时，荣和烧坊、恒兴烧坊的老板就找郑应才要人。因为酿酒人才缺，荣和、恒兴两家烧坊都不惜重金争夺他。在激烈的争夺中，郑义兴被荣和烧坊挖走。

1915 年冬天，为参加巴拿马万国博览会，贵州省巡按使公署派员到茅台挑选参赛好酒。王家荣和烧坊参赛的酒,就是由郑义兴调制的。郑义兴对参赛酒进行了认真的勾调,灌装、密封之后交给了老板,老板派专人护送,随同当时的农商部周次长等人去了巴拿马,出席了万国博览会。

之后,郑义兴又先后在遵义"坑集酒坊"、四川的"集义糟坊"和茅台的"恒兴烧坊"担任酒师。

"佳酿三千,独爱郎酒;山魂水魄,尽在其中。"产自赤水河畔的郎酒,是四川省的名酒。郎酒始于 1898 年,是由四川荣昌县商人邓惠川夫妇邀请四川古蔺二郎滩酒师李丙山共同创办的。初时,"絮志糟坊"烤制曲酒、高粱酒,同时也配置一些玫瑰、杨梅等,生产六种花酒。这些花酒质地醇和、清香爽口、回味带甜,声誉不错。从"絮志糟坊"到"惠川糟坊",到"集义糟坊"的"回沙郎酒",走过了百年历史。1933 年,邓惠川和李丙山对当地古老的"回沙工艺"做了进一步的改进,摸索出在酒曲中添加多种中草药的方法,改善了曲种质量,研制出"回沙郎酒"。之后,"惠川糟坊"把"回沙郎酒"更名为郎酒。

郎酒的历史晚于茅台酒,酿制工艺也有所不同,酒师的技术也有差异,因此,郎酒的市场不如茅台的酒。1936 年,郑义兴受郎酒老板的邀请,去了四川省古蔺县的二郎滩，用茅台酒的酿制方法，成就了一个中国的著名品牌——郎酒。

由于战乱，加之土匪横行，"恒兴烧坊"的生产极不正常。特别是 1952 年 7 月老板坐牢之后，"恒兴烧坊"便停止了生产。酒师、工人无事可做，都离厂回家了，这一时期，郑义兴就在家中闲居。

1952 年 12 月中旬，贵州省政府决定接管赖永初的恒兴酒厂。1953 年春，茅台酒厂接管恒兴酒厂之后，张支云带上厂长张兴忠，找到了师兄郑义兴。

见到郑义兴，张兴忠非常兴奋，把他请回了茅台酒厂。继而，在郑义兴的帮助下，又请回了荣和酒坊的酒师仇海云和恒兴酒坊酒师郑兴科、郑永维。后来又召回了两家作坊的一些工人，酒厂的实力一下子壮大了。

自接管了"王茅""赖茅"两家酒坊以后，茅台酒厂由一个车间变成了三个车间。郑应才为茅台酒厂的技术大拿，张支云担任一车间酒师兼工会主席，郑银安担任二车间的酒师，郑义兴担任三车间的酒师。

1958 年，工作出色的郑义兴担任了茅台酒厂工程师兼副厂长，先后担任政协贵州省第二届、第三届委员，全国人民代表大会第二届、第三届代表。

担任副厂长之后，郑义兴带领科研人员，经过艰苦

的努力，创造了一个个超越历史的酿酒神话。一代宗师于1978年在茅台去世。

鉴于郑义兴对茅台酒厂的特殊贡献，茅台酒厂尊其为"国酒大师"，并在国酒文化城内为其塑像。

第三代宗师张支云

　　1928 年农历 8 月 21 日,具有传奇色彩的华茅第三代宗师张支云降生在崇山峻岭的贵州省仁怀县二合镇一个偏僻的小山村——高潮村。

　　二合镇位于贵州高原的北部,和四川省交界。崇山峻岭,自然条件极差。大斜坡地带山高坡陡,大山深处

工作中的张支云

的农家，耕种的土地都在陡峭的山坡上，单块面积很小，一般都是一分到半亩之间的山坡小块地，从垦荒到播种、锄草、收获的全部过程，都要依靠农民的一双手，收获的庄稼都是用背篓往回背。原始的耕作方式十分辛苦，收入却极为微薄。劳作一年，竟然不能解决温饱。

到张支云的父亲张培山这一代，家境稍微能好转一点。张培山是个勤劳本分的庄稼汉，妻子徐牡丹纯朴善良，是个典型的贤妻良母。夫妻俩日出而作，日落而息，养育着自己的儿女。虽然家寒，但却能勉强度日。

二十世纪二十年代的中国，政权腐败，官税重重，军阀混战，土匪骚扰，饥饿贫困，民不聊生，老百姓生活在水深火热之中。就是在这样一种情况下，张培山突然身患疾病，因无钱医治，抛下了妻儿去了另一个世界。

家里的顶梁柱倒了，荒芜的大山惨淡萧条，贫瘠的坡地频临绝收！但一家五口老小总是要活下去的！张支云的母亲徐牡丹把眼泪咽到肚子里，背着襁褓中的小支云跋涉山路，下地干活，在贫瘠的土地上辛勤耕耘稼穑，以她那柔弱的肩膀扛起了一家人生存的重担。

贫瘠的山地收入非常微薄，难以糊口。为了能让孩子们活下去，徐牡丹经常自己饿着肚子。尤其是晚上，她的腹中经常"咕噜噜"直叫，但她总是强忍着肚子里的难受枵腹归寝。长时间超负荷的辛苦劳作,长时间的营养不良,使徐牡丹患上了疾病。

徐牡丹病倒以后,眼看着一家人陷入了绝境。

为了让孩子们能逃一条活命，徐牡丹含着泪水将及笄、碧玉之年的两个女儿出嫁了。

1936 年春夏之交,积劳成疾、长期患病的徐牡丹撒手人寰,抛下了可怜的儿女们,追随他那早逝的丈夫去了另一个世界。

8 岁的小支云在乡亲们的帮助下埋葬母亲,只身一人开始了苦难的流浪生涯。

离家之后的张支云在赤水河当过纤夫,在茅台、交通村(现在归仁怀县中枢镇辖,距高潮村 20 公里左右)等地讨过饭，在交通村讨饭时经人介绍给一家汪姓人家当过童工。汪家发生变故后,又开始讨饭,在四川省古蔺县水口镇的长坝槽村讨饭时,被人"介绍"到大地主郑国文家去当童工。郑国文不仅是个大地主,还是当地的保长。这个地头蛇权势很大,凭借着保长的身份,打着"剿匪"的幌子,盘剥乡邻,欺男霸女,无恶不作。

张支云在郑国文家受尽了磨难。郑国文生性歹毒,让一个 10 岁的孩子割草、喂马、推磨、出圈、开荒、锄草、搬苞谷……一天到晚,披星戴月,干着和成年人一样很重、很累的庄稼活。后来郑国文阴谋让年幼的小支云去顶壮丁。张支云知道后，便在地里干活的时候趁机出逃。

逃出四川到了茅台后，感觉没有什么危险的张支云便在路边的一家酒坊门口喘气歇脚。

幸运的是，他在酒坊的大门外歇脚时遇到了"成义烧坊"的掌火师刘泽恒，从此开始了他酒坊的学徒生涯。

在刘泽恒的引荐下，张支云进了成义烧坊。按照酒坊的规矩，他开始给酒坊割草喂马。

端别人饭碗是不容易的，一直看人脸色行事的人生经历，奠定了张支云的基本品性：行事谨慎，做事认真，勤快听话，聪明、有眼色。但也塑造了一些和常人不太一样的性格：不爱说话，只是埋头干活。

因为他听话、勤快、聪明、能吃苦，引起了酒坊大师傅郑应才的关注。因为深得老爷子的喜欢，张支云免去了"三年割草喂马、推三年磨、煮一年饭"的七年学徒辛劳，在割草不到一年的时候，就开始进入了酿酒作坊。第二年，在刘泽恒的撮合下，60岁的大酒师郑应才收下了张支云这个干儿子，次年，在刘泽恒的再次撮合下，经过严肃的拜师仪式，宝爷（干爹）变成了师父，干儿子变成了徒弟。

在大酒师郑应才的严格要求下，张支云从头开始，学习踩曲、润粮、配料、上甑蒸粮、下甑泼量水、摊凉、洒酒尾、撒曲、堆积、下窖、封窖发酵、开窖取醅。进而九次蒸煮，八次发酵，七次取酒，勾兑、品酒。

学徒三年，张支云不知挨了多少磕捶和棍打屁股，吃尽了苦头。由于大酒师的尽心教导，勤奋好学、吃苦耐劳的张支云完全掌握了从制曲、制酒、贮存到勾兑的全部酿酒工艺，成为华氏酒坊的二师父（相当于现在酒厂的副总工程师）。

天有不测风云，1944年的一场火灾几乎毁掉了成义烧坊，地面建筑大半都变成了瓦砾，生产全部停顿。华问渠电示："迅速筹款恢复，并借此机会，扩大生产设备，以年产四万斤为指标。"

这场大火，使成义烧坊受到了很大的损失，但对张支云来讲，在重新建厂，恢复生产的过程中，他学到了平时学不到的好多东西。酒的年产量要达到年产四万斤以上，不仅厂房要扩大，酒窖、甑子等基本设施都必须增加。酿酒设施的建造当然地落在了大师父郑应才、二酒师张支云和掌火师父刘泽恒三个人的肩上。建酒窖、做甑子，这些活都是张支云从来没有接触过的技术活儿,但这对于他这个酒坊学徒来讲,无疑是一件难得的好事。尤其是做甄子,为选上好的石材,郑应才不顾年迈体弱,亲自带上刘泽恒和张支云到山上去选材。由于选材精细,上好的石材保证了成义烧坊甄子的质量。

酒厂的规模扩大了,生产的任务也更重了。也是因为老酒师抓得太紧,这一年的茅酒产量大幅度上升。酒的产量达到了四万二千多斤,创下了成义酒坊有史以来的最高记录。

1949年11月26日,茅台解放,解放大军浩浩荡荡地开进了茅台。

茅台解放之后,12月1日,解放大军又相继解放了赤水,打开了入川的大门。

解放大军入川作战之后,国民党残匪又卷土重来,以残匪为骨干,培植发展地方土匪势力。伪保长、土匪头子黄文英在国民党残匪的扶持下,带着土匪进行疯狂的反攻倒算,疯狂的杀戮百姓,抢掠财产,杀害共产党员和农会干部,直接危及到新生的人民政权。

在一片混乱中,成义烧坊的大掌柜薛向臣携家眷跑了。

酒坊遭劫,在所难免。为了保护自己的劳动成果,郑应才师徒带着酒坊的工人将陈年老酒全部藏在马厩里,酒窖里只剩一些刚酿出的新酒。

国民党残匪沈振康(仁怀茅坝人)带了一帮残匪闯进成义烧坊,想抢掠一些茅台的陈年老酒,四处寻找却没有找到。因为酒坊周围到处都是酒味,马厩的臭味杂烩着酒的香味汇合在空气之中,打劫的残匪根本无法辨别,找不到埋藏的老酒。临走时抢走了两百多斤刚酿造的新酒。

土匪猖獗,酒厂根本无法正常生产。大掌柜一走,那些零工们都跑了,就连一些固定的工人也都相继离开了酒坊,成义烧坊只剩郑应才、张支云、刘泽恒、郑永福和五个工人,九个人坚守在烧坊。

1950年上半年,中国人民解放军剿匪部队驻进茅台。

在剿匪部队需要当地人带路的时候,张支云自告奋勇,三次冒着生命危险为剿匪部队带路,并参加了青龙嘴剿匪的战斗。

1950下半年,贵州全境解放后,中共中央来电,要求贵州省委省政府、仁怀县委县政府要正确执行党的工商业政策,保护好茅台酒厂的生产设备,继续进行茅台酒的生产。并对私营烧坊采取扶持的政策,并贷款2400元,供应小麦3000公斤帮助恢复生产,但由于各种条件太差,生产仍无明显好转。在这种情况下,人民解放军首先接管了华家的成义烧坊。

带队接管成义烧坊的是解放军某部副营长张兴忠。张兴忠(1921年—2003年),山东省东阿县大刘张人。1947年,在山东聊城地区参军入伍,先后随刘邓大军挺进大别山,参加了徐州会战和百万雄师过长江等重大战役。1950年7月,他随部队到达贵州省遵义地区仁怀县,参加了当地剿匪战斗。1950年下半年,奉上级命令带领12人去接管茅台的成义烧坊,之后又收回了王家的荣和烧坊和赖家的恒兴烧坊,成为茅台酒厂的第一任厂长。1974年5月,在遵义市委和仁怀县委的安排下,从贵州省仁怀县回到了老家山东省东阿县安度晚年。回到老家后,依然关心茅台酒的发展和生产。并和茅台酒厂的师父一起对国营东阿酒厂进行技术指导,酿造出了山东的茅台——"阿矛酒",后改为"东阿王"品牌酒。

张兴忠在部队有两大特点很出名:一是枪法特别好,是全团的神枪手;二是酒量特别大,年轻时曾在聊城民王屯一个小店里两个人喝了11斤白酒。也许是张兴忠的一生与酒有缘,刚打完仗便接管了成义烧坊。

张兴忠接管了华茅的烧坊之后,为了尽快恢复生产,张兴忠带领张支云和酒坊仅有的几十名工人、十二名解放军战士一起清理场地，一起修复设备。这个时候，为了帮助茅台酒厂很快恢复生产，国家又划拨给茅台酒厂 43000 元资金，用于购置必需的生产设备和原料，使酒厂在较短的时间内恢复了生产。

没了酒坊掌柜,酒师就得领头。为了增加工人,使酒坊能尽快提高产量,张支云不辞劳苦,帮助张兴忠找回了那些回家的老工人,把成义烧坊的其他 15 名员工全部请回了厂里。全厂职工人数达到了 49 人,酒窖 41 个,甑子 5 个,石磨 11 盘。

1951 年的端午节,成义烧坊开始了正常生产。由于调动了职工的生产积极性，发挥了仅有设备的能力，1952 年就生产出茅台酒 75 吨,产值 6 万元,盈利 0.8 万元。建厂恢复生产的第一年,就超过了过去三家烧坊总产的历史最高水平。

1951 年 11 月 8 日,仁怀县人民政府决定收购成义烧坊。仁怀县人民政府请示省、地专卖部门同意,责成当时的县税务局兼专卖事业局负责人王善斋出面,由本县知名人士周梦生先生作中证人,征得"成义烧坊"老板的同意，分别于 1951 年 11 月 5 日和 1951 年 11 月 8 日两次立约(一次为烧坊房产、一次为辅助房产),

以旧币 1.3 亿元、折合人民币 1.3 万元(其中 1000 元是契税和工本费)将"成义烧坊"全部购买过来(款项于当月 8 日签约时付清)。

华问渠是一个开明的资本家,一贯拥护共产党的主张,拥护共产党的领导,支持共产党领导的人民政府。当政府支付给他 1.3 亿元时,他只收了 1 亿元,给政府退回了 3000 万元。

购买成义烧坊之后,仁怀县人民政府正式成立"贵州省专卖事业公司仁怀茅台酒厂",由张兴忠担任厂长。

为了尽快提高茅台酒产量,保障供给,政府选拔了一些得力的地方干部进入贵州省专卖事业公司仁怀茅台酒厂参与管理。张支云和师父郑应才、掌火师刘泽恒等成义烧坊的 39 名酒师、员工都成了贵州省专卖事业公司仁怀茅台酒厂的正式职工。郑应才为茅台酒厂的总师父,张支云为车间酒师。工人们以主人翁的姿态开始投入到全新的工作和生活之中。当年生产茅台酒 0.34 吨,茅台酒厂开始进入了正常生产的状态。

贵州省专卖事业公司仁怀茅台酒厂蹒跚起步之时,不过是几栋作坊式的破陋小屋。面对扩大再生产的迫切需要,当地政府决定移址于杨柳湾,开始规模建设、规模生产。"成义烧坊"的旧址改作醋坊,成为集体所有制的"仁怀酱醋厂"。从此,茅台酒业步入了她历史上第一个转型期——告别农耕、迈向工业化时代。

这一时期,在郑应才、张支云师徒的认真工作下,茅台酒的质量始终保持在最佳状态。1952 年 9 月,新中国首届全国评酒会上,茅台酒被评为"八大名酒"之首。

随着茅台酒的上市,广州、上海、江西、湖南、湖北等省市纷纷来函,要求供应茅台酒。广州市专卖公司多次急电,急需茅台酒 4000 瓶,并希望办理茅台的海外销售;港、澳、台同胞和其他海外侨胞也不断通过外交途径来函来电,祝贺茅台酒投产,称赞"茅台酒"为"祖国之光"。茅台酒在国家最高层领导的关怀和青睐下逐渐显现出其王者风范,在新中国的外交史上一直扮演着亲善大使的角色。

为了胜利完成社会主义改造,扩大茅台酒的规模和产量,当地政府在过渡时期总路线指引下,整合了"华茅""王茅""赖茅"三家的资源,扩大了茅台酒的生产规模。

国营经济将茅台酒生产从私人小作坊带入工业化时代。工厂,作为一种先进的组织模式,出现在尚未通汽车的茅台古镇。工业化变革给古老的茅台酒业带来了革命性的变化，由此翻开了崭新一页。

师父年迈，行动不便，张支云帮助厂长张兴忠找到了恒兴、荣和两家酒坊的酒师郑义兴、郑银安、郑兴科、郑永维、仇海云和一些工人。国营贵州茅台酒厂由一个车间变成了三个车间。郑应才仍为茅台酒厂的技术大拿，张支云担任了一车间酒师兼工会主席。郑银安担任了二车间的酒师，郑义兴担任了三车间的酒师。

厂子大了，车间多了，但酿酒的设备还是原来"华茅、赖茅、王茅"三家酒坊的旧设备，工人的劳动条件仍然十分艰苦，所有的生产劳动全都是靠工人们肩挑背驮。烤酒是靠工人们背煤烧天锅、到赤水河中挑水；照明用的是菜油、煤油灯；运粮、运酒是用鸡公车、牛车拉运；下窖和起窖都是靠工人们一背篓一背篓的从三米深的窖池里往上背。一个班工人们要背驮酒糟1.8万斤。为了在极端艰苦的条件下多出酒、出好酒，作为工会主席的张支云，按照厂工会的要求，和车间的工友们一起加班加点，辛勤工作在生产一线。

为了改变生产条件，尽快正常投入生产，提高茅台酒的产量，国家又及时拨给了茅台酒厂43000元资金用于购置必需的生产设备和原料，茅台酒厂的生产能力有所提高。在全厂职工的辛勤努力下，初具规模的茅台酒厂生产蒸蒸日上。不仅产量大幅度提高，而且一直保持着优良的品质。茅台酒的生产和销售全面纳入了国家计划，茅台酒厂从此步入了一个崭新的阶段。

由于国际国内需求量的不断增加，市场出现了严重的供应短缺，为了增加茅台酒产量，中央提出茅台酒要"搞到一万吨"的设想。

1974 年 8 月，周恩来总理又一次提出茅台酒要发展到上万吨的指示。8 月 29 日，时任贵州省委书记的鲁瑞林等领导来到遵义，传达周恩来总理关于茅台酒要发展到上万吨的指示精神，决定在遵义地区选择适宜的地方试制茅台酒。国家科委把该项目列为国家"六五"重点攻关项目，由国家科委主持，贵州省科委负责落实。

1975 年 1 月，第四届全国人大一次会议胜利召开，周恩来总理在会上再次提出了"生产万吨茅台酒"的提案。因为茅台地势狭小，完成一万吨生产任务几乎不可能。经中央和贵州省有关部门再三研究，决定在茅台尽可能扩大生产的同时，选择一处和茅台自然环境相近的最佳场所进行茅台酒易地试验，在确实有把握的前提下，进行外地建厂，以弥补茅台生产之不足。

这个决定出台以后，国务院副总理兼国家科委主任方毅同志亲自主持,对"茅台酒易地试验"进行立项,列入国家"六五"重点科研攻关项目。

项目立项以后,中国科学院科技办公室将这个项目定名为"贵州茅台酒易地生产试验(中试)"。方毅副总理亲自组织国家科委、轻工部、茅台酒厂技术专家组成"茅台酒易地试制"攻关小组,同时筹备成立"贵州茅台酒易地试验厂"。

接到任务之后,茅台酒易地试制攻关小组立即组织专家对全国三十多个备选厂址的土壤、水质、气候、微生物含量等指标和茅台酒厂进行对比分析,最后选中了与茅台各方面最为相近的遵义市北郊十字铺。

遵义北郊的十字铺山峦起伏,植被郁葱,空气清新,温度适宜,地形与茅台酒厂所在的地方十分相似,年平均气温、湿度等都比较相近。经中科院、贵州省科委、茅台酒厂科研专家及全国部分酿酒专家对酿造酱香型白酒所必备的条件进行综合考察和科学论证之后,最后决定,易地试验的厂址就确定在了十字铺。

方毅副总理亲自组织,国家科委、轻工部、茅台酒厂技术专家联合组成专家组,开始了茅台酒易地试验的前期准备工作,拉开了这个中国酒业"壹号工程"的序幕。

在中国的白酒史上,这样的举动绝无先例!

命运总是垂青那些有准备的人。第二年,试验进入实质性操作程序,易地试验的大旗由谁来扛?贵州省轻工厅、贵州省科委经过再三考察,觉得只有郑光先才是最佳的人选,于是,这位茅台酒厂原厂长、党委副书记走马上任,担任了茅台酒易地试验基地总指挥。参加这次试验的人员从厂长、酒师、技术人员、管理人员到工人,全部都从茅台酒厂抽调。经过再三筛选,茅台酒厂确定了林宝才、毛广才、黄天喜等28名优秀的酒师、评酒技师、技术人员和车间技术工人奔赴到新的工作岗位。

十字铺远离遵义市区,没有汽车,交通不便,条件十分艰苦。但茅台人凭着吃苦耐劳、艰苦朴素的创业精神,克服了重重困难,硬是在那一片荒山里踩出了一条前人没有走过的路。

为了保证试验顺利进行,实验厂的工人们用一辆解放牌卡车作为运输工具,像蚂蚁搬家一样拉了几十趟,把试验厂投入生产所用的高粱、曲药、母糟、设备、水和窖泥、搅拌用的木铲、运输用的木车,甚至蒸酒用的甑子,砌窖池用的青石等等,全部从茅台拉到了遵义。

茅台酒易地试验正式开始了，工人们严格按照茅台酒的酿酒工艺进行操作，酒师毛广才、黄天喜严格把着质量关。

经过7个多月的艰苦努力，第一轮实验结束。

实验结果是：香气幽雅，醇厚谐调，绵甜爽净，回味悠长，大曲酱香型白酒的特点尽显其中。但是，和茅台酒相比较还是有一定的差距。

为了寻找存在的问题，使试验尽快成功，1976年，茅台酒厂又派了一个技术权威王邵斌到实验基地负责技术指导。

生产开始以后，王邵斌严格按照茅台酒生产的要求，端午采曲，重阳投料。从下沙、造沙二次投料、九次蒸馏、八次发酵、七次取酒，都严格按照茅台酒生产的工艺流程进行操作。试验期间，郑光先亲自到车间参与试验。

又是七个月的鏖战，酒酿出来了：酒液无色透明，饮时醇香回甜，没有悬浮物及沉淀，酒香突出，幽雅细腻，酒体醇厚，回味悠长，空杯留香持久，经久不散，的确是好酒。但是，和茅台酒还是有一些差别，品位还是低。

呕心沥血、废寝忘食的郑光先看到这样的结果心里有点着急。他现在要的不是一般的佳酿问世,而是要"茅台"一样的上好佳酿!要实现毛主席、周总理的遗愿,异地生产出茅台酒来!国家花费了这么大的代价,要的就是异地茅台,而不是好酒!可是,酒师是茅台酒厂一流的酒师,酿造过程完全都是按照茅台酒生产要领进行的,为什么就不能达到理想的要求呢?整个实验过程他从头到尾都参加了,没有什么问题呀!思前想后,郑光先得不出一个结论,只能等到来年再次试验。

异地试验三年过后,这项科研还是没有成功,在这种情况下,郑光先的脑海里想到了张支云。在他任厂长期间,张支云的技术让他非常佩服,特别是那一年三车间酿出黄酒的事件,让他觉得张支云不但得到了郑应才的真传,而且还是一个酿酒奇才;文革期间他们一起在车间劳动,张支云手把手传授技术的情境历历在目,他的心胸豁然开朗,在心里自己对自己说道:"非张支云莫属!把他请来!"

郑光先决定到茅台厂去一趟,一定要把张支云挖过来。

实际上,就在走马上任之时,郑光先就想到过张支云。但那个时候,他还是一个没有任何发言权、刚刚被解放出来的"走资派"。试验基地的所有人员是由茅台酒厂时任领导研究决定的,他没有这个权力。现在,实验进入了关键的时期,为了胜利完成党和人民交给自己的任务,他决定马上回一趟茅台酒厂,向茅台酒厂的领导去要张支云。

1979年的春天,郑光先专程去了一趟茅台酒厂,找茅台酒厂厂长周开良商量,把张支云从茅台酒厂调到试验厂。

周开良热情地接待了老厂长。

一番寒暄之后,郑光先说明了来意。令他没有想到的是,周开良竟然婉言推辞,没有给他这个面子。要谁都行,就是不给张支云。郑光先好说赖说,终究还是没有说通。

出了厂长办公室,无奈的郑光先亲自去找了张支云。

好久没有见到老厂长,张支云心里很高兴。寒暄一会儿之后,郑光先便开门见山地说道:"张师父,实验基地几年了,但结果一直不理想。我这次专程来是想让你到那边去,帮助我把这项任务完成。"

"见到周厂长了吗?他的意见是什么?"张支云问道。

"周开良不给面子,他不放人!现在我要的是你一句话,你愿意不愿意去实验厂。"郑光先脸色不悦地说道。

"郑书记,我无所谓。我是烧酒的,不管在哪都是烧酒。再说厂里是工作,实验基地也是工作。我是个酒师,是个技术干部,我得听政府的话,政府调我到哪我就到那。"张支云回答道。

"你是在给我说大话!我不和你说这个,你只说你到底愿意不愿意跟我过去!"郑光先对张支云的回答很不满意。

"郑书记,您是我最信得过的老领导,我怎么能不愿意跟您去呢?但到实验厂去工作是要政府决定呀!您先和厂里说吧,厂里同意,组织上调动,我一定去!"张支云和郑光先的私交算是很深的了,郑书记的邀请他哪能拒绝呢?但他的原则性极强,没有组织的调动,他哪能说走就走?

"你的想法我明白,组织原则我能不知道?我正在和厂里交涉,只是问你愿意不愿意!"郑光先不高兴地说道。

"当然愿意呀!只要厂里放人,只要组织调动,我立刻跟您走!"张支云不加思考地回答道。

"这就对了,你就做好到实验厂去的准备吧。"

和张支云分别之后，郑光先又找了几次周开良，但一直没有结果。

　　其实这也不怪周开良不给老厂长情面。茅台酒厂也有他们的难处：一大批技术人员都已去了试验基地，茅台酒厂的技术力量已经被削弱。再说，根据形势发展的前景来看，实验厂虽说是茅台酒厂的实验基地，但随着生产的发展，实验基地已经具备了一座酒厂的全部功能，成为一个独立的酒厂，那只不过是一个时间问题。实验基地最终是要和茅台厂分离的，所有的人都能看到这一点。周开良怎么可能轻易地放走茅台厂的技术权威？

　　周开良不放人，郑光先没有办法。无奈之下，他去了一趟贵阳。

　　他是想凭借曾经与轻工厅的老关系，跑到轻工厅里去向厅领导要人。

　　轻工厅厅长姚英听了郑光先的诉说之后，笑了笑说道："张支云，我熟悉，看来这个实验的成功非他莫属！你不用着急，我亲自去给你到茅台要人。"

　　姚厅长答应了郑光先的请求之后，便立刻给周开良打了一个电话。他没有想到，竟然也被周开良婉言拒绝了。

承诺了的就必须兑现,姚英不能失面子,他不得不亲自到茅台酒厂走一趟。

厅长驾到,周开良高接远送。但谈到正题,却没有给厅长留面子。

姚英的确没有想到,周开良竟然驳回了他这个厅长的面子,心里很不高兴。

出了厂长办公室,姚英竟然有点茫然。他不仅仅是考虑如何兑现对郑光先的承诺,最主要的是他责任使然。易地试验是毛主席、周总理的遗愿,从中央到省里,领导都很重视,他很想看到易地试验早日成功,早日完成这个最高层领导下派的任务。实验厂遇到了困难,他的心里同样非常着急。为了实验早日成功,他亲自到茅台厂去要人,但这个周开良一点面子也不给,他的心里很不痛快,拉着脸坐上了汽车,准备先返回贵阳,要人的事情再从长计议。

姚英出了茅台酒厂,车子往前走了一截,脑子里突然冒出了一个怪主意。

姚英让司机掉过车头,又返回了茅台酒厂。

他不是去见周开良,而是要去见张支云。

见面握手之后,姚英开门见山地对张支云说道:"老张呀,这次来找你,就是想让你到实验厂去。实验厂遇到困难了，还得你亲自出马，光先肯定已经给你说了。"

"郑书记见我了，我是服从政府安排，只要领导决定了，我就去。"张支云回答道。

"你自己愿意去吗？"姚厅长问道。

"说实话我是不大愿意去。我一辈子都没有离开过茅台，对茅台酒厂的感情是很深的，更何况我的一家人都在茅台。"张支云从来都是实话实说。

"你的想法是错误的，茅台酒易地试验是周总理的遗愿，这个你是知道的。现在易地试验遇到困难了，你一定要以大局为重。周开良这个家伙不给我面子，你得给我面子。我现在就要你一句话，去还是不去！"姚英说道。

"姚厅长，既然话说到这份上，我去！国家需要我到哪里我就到那里。可是茅台酒厂不放我怎么办？"看到了姚厅长一直不高兴的脸色，听到了周总理的遗愿几个字，张支云觉得无话可说，便立刻向姚厅长表态同意去实验厂。其实，他目前最担心的是周开良不会放他走。

姚英厅长听了张支云的表态，脸上马上由阴转晴。加之他和张支云本来就很熟悉，可以说是无话不说。于是,毫不隐瞒地对张支云说道:"只要你愿意去就好办。我给你出个主意。"

"您说怎么办?"张支云问道。

"过两天你找个借口从厂里开个证明出差到遵义,其它的事你就不用管了。"

"好吧,就按您的办法试试。"张支云答应道。

这一点张支云是能做到的。过了两天,他按照姚厅长的吩咐,"出差"去了遵义。

到了遵义以后,张支云便被实验厂"绑架"了。

张支云"出差"去了遵义以后,姚厅长接连到茅台酒厂去了两次。生米已经煮成熟饭了,周开良很无奈,也不愿意面子上太和姚厅长过不去,只好勉强同意了。

张支云就是这样"调到"了试验基地。

1978年,张支云出任珍酒厂副厂长、总酒师,负责整个珍酒厂的生产工作,包括"制曲、酿酒、包装"等工作。

前面的几个酒师都是茅台酒厂的精英,他们的实验都没有成功,究竟是什么原因所致呢?不知内情的张支云心里没有底。在去遵义"出差"的路上,他一直想着这么一个问题:前面的酒师都没有成功,我能成功吗?

是的,自从进了成义烧坊,几十年来他从来就没有离开过茅台。易地试验是离开了茅台到遵义进行的，他也觉得自己没有绝对把握。几十年来，酿酒是他的拿手好戏，轻车熟路，按部就班。除了认真细致之外，从来没有顾虑过什么技术问题。但离开茅台去搞易地试验，他心中的确没有绝对把握。可以说，烧出一流的好酒那是绝对有把握的，要烧出和茅台酒一模一样的酒他心里就没有底了。张支云心里非常清楚，环境对酿酒的影响是非常大的，气候、空气、土壤、水……都是影响酒品的重要因素。遵义和茅台所有的外部环境肯定是有差异的，在遵义能否试验成功，的确是个未知数，前面的实验已经进行几年了，人是茅台的人，设备是茅台的设备，技术是茅台酒的技术，且技术力量也是过硬的，但一直不能达到目的，这已经说明离开了茅台这个地方，要造出茅台酒的可能性是不大的，看来这个活的确是个瓷器活。他越想越觉得不好干，但既然揽下了这个瓷器活，就不得不硬着头皮干下去。

到了实验基地以后，张支云为了弄清前两年实验没成功的原因，首先向酒师和工人们把前面的整个生产情况了解了一下，经过一番详尽细致的了解之后，他觉得前面的工作是扎实的，没有什么技术上的纰漏。那究竟是什么原因呢？初来乍到，他一时半会儿还弄不清,只好严格按照自己的嫡传技术,认真地进行了新的一轮实验。

张支云的实验和前面几位酒师的实验程序是一样的,工艺也是一样的,但他却多了一些研究和分析。

他先从制曲开始,一步一步进行严格操作。

高温制曲是茅台酒特殊的工艺之一。其特点一是制曲温度高,品温最高可达 60—62℃;二是用曲量大,曲母在酿酒时,既做为酶制剂,营养成分,又作为酿酒原料;三是成品曲的香气,是茅台酒酱香的主要来源之一。在高温制曲的过程中,他严格把握原材料的质量,所用小麦颗粒饱满,不虫蛀、不霉烂。选好小麦之后将小麦磨细,达到 50% 半细粉,50% 粗粉和麦皮,手摸不感觉糙。然后加入 3—5 母曲粉,制曲用水量为 40 畅,拌匀后堆放到场地上。

踩曲的时候,他严格要求工人:将曲块均匀踩紧,绝对避免只把四周踩紧而中间凸起松散的现象;曲块踩好之后,不让其承受任何压力,把曲块侧立起来进行晾干。经 1-1.5 小时后搬进曲房堆放,堆放前先将稻草铺在曲房靠墙的地上,厚约二寸,选用干燥不霉烂的旧草垫轴。曲块排放的方式是:将曲块侧立,横三块、直三块地交叉难放。曲块和曲块之间塞些新旧草搭配的稻草,避免曲块和曲块之间互相粘连。

下沙之前,张支云首先认真检查了酒窖。

窖池的构造没有问题,透气性很好;封盖子的泥土没有问题,都是从茅台拉来的。

下沙的时候,他把茅台酒高温"阴阳发酵"的工艺贯穿始终,特别是阴发酵。

酒醅下窖以后,他细心地先在糟上铺上谷壳,再将用水和好的稀泥铺成厚约 10 cm,取粘土密度:2.74～2.76 t/m³。

七个轮次的取酒,七个轮次的阴发酵,每个窖期、酒醅都是用窖泥密闭发酵 30 天左右。一切都是按照茅酒生产的技术要求,按部就班地进行着。

这一年,贵州省委、省政府、省人大常委会的负责同志以及中央和省的很多部门领导到遵义视察期间,都曾亲临实验厂视察并指导工作。贵州省委第一书记路瑞林曾专门过问易地试验的进度及有关问题,并做出了重要指示。高层领导的密切关注,给张支云带来了很大的压力。他的每一步操作,都不敢有一丝一毫的含糊。

摘酒的时候,张支云绝对按照高温工艺的要求,因为浓缩的就是精华。保持 37℃—42℃ 左右的摘酒温

年轻时的张支云

度，不仅充分挥发掉了低沸点的硫化物之类的有害物质，还让酒体的香气香味更加突出、丰满。摘出来的酒液，微黄而透明、色如琥珀、纯清圆润、晶莹剔透；没有一丝悬浮物及沉淀；幽雅细腻柔顺、香而不艳、低而不淡、芳香浓郁、酱香突出；酒味丰满醇厚、细腻幽雅、柔和绵甜、回味悠长；闻之沁人心脾，入口荡气回肠，饮后余香绵绵，质量绝对一流！但是，结果仍是不尽人意。

虽然品位还没有达到，但张支云并没有气馁。这个从不服输的汉子一点也没有急躁，虽说几天来饭也吃不香，觉也睡不好，但他坚持下去的决心没有变，不是在车间里面转悠，就是泡在酒库里，勾兑、品尝、再勾兑、再品尝……找不到原因他是绝对不会罢休的！

在这一段时间里，每天吃过晚饭，张支云都要拿着一个手电筒去车间，一个人在车间里面查巡，看出水量，光着脚丫子踢糟粕。回到家后，他翻来覆去睡不着，十二点多钟又去了一次，午夜两点多钟还要去一次。由于经常加班，劳累过度，身体的免疫功能明显下降，经常感冒，后来得了气管炎。好在妻子很贤惠，一个人承揽了全部的家务，默默无闻地照料着六个孩子，尽心照料着这个"厂长"，从来没有过一丝一毫的怨言。

所有的环节都找遍了，没有任何纰漏呀！张支云陷入了沉思之中。

突然，他的脑海里出现了一个疑问："问题会不会出在曲母上？"

为了进行茅台酒的易地试验，所用材料几乎都是从茅台酒厂拉过来的，但所有的操作都是在遵义进行的，制曲也是这样。

"如果从茅台把曲子制好拉过来，或许会有改变！"

他现在突然觉得：茅台酒就是出在茅台，离开了茅台的小气候环境，做出来的酒就是不一样，包括所有环节！

焦急万分的厂长来了。看着张支云慢悠悠的样子，心里有点恼火。不悦地说道:"没有达到目标你竟然还不着急! 亏你还是个高手,我看你怎么交代? "

"着急是没有用的,我的好厂长! 虽然这一次没有成功,但成功应该就在眼前。我好像找出原因了。"张支云不急不忙地说道。

"找出原因了? "郑光先焦急的脸色马上有所改变,露出了一丝笑容,急问道。

"这几天我把所有的工序都分析了一遍,的确没有任何纰漏。今天突然觉得,问题好像应该出在曲母上。"

"为什么? 难道曲母的制作有纰漏? "

"没有。我突然觉得,茅台酒就只能出在茅台,只有在茅台的那个小气候环境中才能出得来那样的精品。咱们的曲母虽是茅台的原料,但制作过程是在这里进行的,我估摸着大概就差那么一点点。 "

"有道理! "郑光先顿悟。接着打趣地说道:"你这个家伙还是行,要不是那锅黄酒,我才不会死皮赖脸地到处求人把你拉过来,算是我没有白费劲! "

"您还提那黄酒的事干嘛! 任何事情出现问题都是在所难免的,出了问题并不可怕,怕的是没有办法解决问题。但有时候往往坏事还可以变为好事。在出现问题之后,需要细心反复的寻找原因,找出切实可行的解决问题的办法，不但问题可以重新处理好，还可以汲取教训，得来经验。我想，我们的前辈也是这样，不断地解决问题，不断地积累经验，才有了茅酒的今天。"憋了很久的张支云一口气把他的心里话全吐出来了。

"高论！高论！你这个几脚都踢不出个屁的家伙，竟然还能高谈阔论，真是小看你了！好吧，那咱们就再试。"

郑光先和张支云商量以后就当场拍板，将在茅台制曲的事确定了下来。

新的一个周期开始了，为了保证实验的顺利进行，张支云决定亲自带队去茅台制曲。

我国民间过端午节是较为隆重的，民间庆祝活动很隆重。吃粽子，赛龙舟，挂菖蒲、蒿草、艾叶，薰苍术、白芷，喝雄黄酒，但是，端午节那天，张支云放弃了节日的所有活动，他没有在家里过节，亲自去了茅台，指导工人制曲。

整个制曲过程他都严格把关，每一个环节都非常细致。当年所需的酒曲全部在茅台制作出来。

重阳节一到，清蒸下沙的时候到了，张支云以从来没有过的认真劲投入到新的一轮试验中。经润粮→配料→上甑蒸粮→下甑泼水→摊凉→洒酒尾→撒曲→堆积→下窖→封窖发酵→开窖取醅。继而混蒸糙沙,采用总投料量的另一半,经润粮→配料(加入一次清蒸下沙后的醅料)→上甑蒸粮蒸酒 (这次蒸出的酒不作正品,泼回酒窖重新发酵)→下甑泼水→摊凉→洒酒尾→撒曲→堆积→下窖→封窖发酵→开窖取醅。混蒸糙沙上甑蒸酒后第一次取酒,清蒸下沙一次,混蒸糙沙一次,混蒸糙沙后的醅料→上甑蒸酒为第三次蒸煮, 第三次蒸煮后的醅料为熟糟, 熟糟经摊凉→撒曲→堆积→下窖→封窖发酵→开窖取醅→上甑蒸酒六个轮次循环过程中有六次蒸煮、六次封窖发酵,共九次蒸煮。

每一次取酒的时候,张支云都要细细品尝。纯正的味道芳香浓郁、酱香突出,柔和绵甜、回味悠长,闻之沁人心脾,入口荡气回肠,饮后余香绵绵。满意的结果让张支云的脸上一直挂着笑容。七个轮次取的酒,窖底香型、酱香型和醇甜型都是茅香型的特殊风格。张支云心里甜甜的,他觉得自己的心血没有白费!

成品酒勾兑的时候,张支云要求更加严格,库里的每一坛酒他都要亲自进行品尝, 找出不同样的比例进行组合。组合以后进行大盘大勾,然后入库封存。

在张支云和酿酒师傅们严谨的试验过程中, 试验厂还与四川大学生物系、国家科委广州测试中心,中国原子能研究院等具有权威性的科研单位和高等院校进行了紧密的合作。这些权威单位对茅台酒的酿造勾兑工艺和发酵原理及其环境条件等问题，从微生物种类及其动态和生态学特点的角度，都进行了较为系统的调查研究。

9个周期、63轮试验，3000多次分析，试制酒终于成功了！

张支云和实验厂的全体职工怀着无比兴奋的心情，等待着国家科委的鉴定。

1985年10月20日，贵州省科委根据国家科委综合局10月4日批准组织鉴定的函件及10月15日的电话通知，开始组织对"贵州茅台酒易地生产试验（中试）"进行鉴定。

当时全中国最优秀的品酒师和这个领域的科学家，都参加了这次"茅台酒易地生产试验产品鉴定会"。参加这一次"贵州茅台酒易地生产试验（中试）"鉴定的成员有：时任中国科学院副院长、化学学部委员严东生（函评），中国科学院生物学部委员方心芳（函评），轻工业部食品局工程师、全国白酒界的泰斗、全国评酒委员考评组负责人周恒刚，全国评酒委员考评组成员曹述舜，著名酿造专家熊子书，时任贵州茅台酒厂工程师、全国评酒委员(后任茅台集团董事长、总工程师)季克良，以及现任中国食品工业协会白酒专业协会副会长沈怡方，全国评酒委员刘洪晃，时任贵州董酒股份有限公司总工程师贾翘彦等28位领导、专家。

这次鉴定有两个基本的鉴定内容：一是委托国内权威机构用仪器设备进行定量分析，得出"理化指标、卫生指标……均达到合同书要求"的结论；二是由周恒刚老先生领衔、成员包括5位全国评酒委员、3位省评酒委员和中国白酒界泰斗、中国食品工业协会教授熊子书先生等进行感官定性评定，对试制酒进行了严格的品评鉴定。

具体方法是先把酒和两名工作人员安置到一个房

二十世纪八十年代张支云和他的团队在厂办公大楼前合影留念

子里，然后通过抓阄分别往1号杯和2号杯里倒入茅台酒和试制酒。当时负责倒酒的贵州省科委办公室副主任、鉴定委员会领导小组成员之一的陈光胜和另外一名工作人员被安置在一间独立的小屋里负责分酒，分好之后递交给负责向外传递的一名女工作人员。为了避免评委们事先知道哪一杯是试制酒，中途还要再换一次。安置在屋里的两个倒酒人，在评委们评完之前都不准出来。

鉴定采用百分制，通过外观、口感、回味、留香等指标，对1号酒和2号酒分别打分，然后加总求平均值。

鉴定期间，鉴定委员会还将试制酒与市售茅台酒做了大量的科学对比。采用色谱——质谱联用方法，检出了200外峰，鉴定了74个化合物，采用中子活化分析出15个微量元素，测定了制曲制酒过程的微生物动向，对12种常见菌、10种常见酵母进行鉴定和部分生理实验及小型试验，证明两种酒的香味成分种类和微量元素种类相吻合。

经过严密、科学的鉴定之后，鉴定会最终得出一致意见：试制酒在理化指标、卫生指标、新酒入库合格率、粮耗等方面都达到了要求。色清、微黄透明、酱香突出优雅、酒体较醇厚、入口酱香明显、后味较长、空杯留香优雅较持久，"基本具有茅台酒风格"，"质量接近市售茅台酒水平"。鉴定委员会成员一致认为，试制酒在理化指标、卫生指标、新酒入库合格率等方面均达到了合同要求。在感官指标上，鉴定委员会评酒小组品评认为，鉴定酒"色清，微黄透明，酱香突出，幽雅，酒体较醇厚……基本具有茅台酒风格"，"尽管与市售茅台酒仍有一定差距，但鉴定酒质量接近市售茅台酒水平，同时有大量可靠的试验数据及资料予以说明"。因此，鉴定委员会认为"贵州茅台酒易地生产试验（中试）"完成了合同的要求。根据鉴定会结论，贵州省科委表示"同意鉴定意见"。由当时国内酒业泰斗周恒刚领衔的鉴定委员会给予了鉴定结论：试制酒得到了 93.2 分的高分，而作为对照品评鉴定的茅台酒，最后得分是 95.2 分。最终结论是："'贵州茅台酒易地生产试验'（中试）完成了合同要求"。

鉴定结束之后，中科院副院长、研究员严东生、中科院学部委员、研究员、著名白酒专家方心芳都发了贺辞，祝贺茅台酒易地试验获得成功。

1985 年 11 月，根据鉴定会的结论，贵州省科学技术委员会正式行文"同意鉴定意见"。至此"贵州茅台酒易地生产试验（中试）"圆满成功。

此时此刻，这位在酿酒行业摸爬滚打了几十年的铮铮铁汉如释重负，忍不住流下了激动的泪水。

新酒面市，浅绿色的瓷瓶包装，包装上印着"茅台试制酒"字样。

"茅台试制酒"问世了，但这个和茅台酒同样质量、同样高品位的美酒却还没有名字。1986年，根

当年的试制酒样品

据贵州省政府"应更多创立名优品牌"的意见和方毅副总理"酒中珍品"的题词，实验基地将"茅台试制酒"正式命名为"珍酒"，贵州省科委决定成立贵州省珍酒厂。1986年6月11日，贵州省经委省经企字（1986）271号批复，同意成立贵州省珍酒厂。

贵州省名牌企业——贵州省珍酒厂正式成立。

珍酒问世之后，以她的不凡身世、得天独厚的地位和身价，以及堪称白酒酱香经典的质量，被评为第五届国家优质白酒。1986年，珍酒获"贵州省名酒银樽奖"。1988年，珍酒获"轻工业部出口优秀产品金奖"，同年，

在全国第五届评酒会上获"国家优质酒"称号及银质奖。1992年,珍酒获"美国洛杉矶国际酒类展评交流会金杯奖"。还先后荣获中国酒文化名酒称号,中国食品博览会金奖,北京国际博览会金奖,全国轻工业博览会金奖,香港国际食品博览会金奖,世界名优特产品国际金奖,太平洋国际贸易博览会金奖等荣誉称号。

珍酒问世之后,每年都向中南海特供,作为国宴、接待和赠送外国贵宾的特殊用酒,受到国家领导人、外国来宾的高度评价。

珍酒问世之后,名闻遐迩,市场供不应求。珍酒的生产、定额供应以及销售方案都由上级主管部门统管,与国酒茅台一样,几乎不用设立销售部门。

珍酒问世之后,因为其品质和茅台酒相差很小,就是行内的人也很难辨别出来。一次,一位有名气的白酒专家到张支云家作客,吃饭期间,张支云给宾主二人每人倒了一杯酒。饮酒期间,他请这位专家辨别此酒为何酒。那位专家品了一会儿,笑着说道:"老朋友,你也太小瞧人啦!你以为我连茅台酒都品不出来吗?"

张支云哈哈大笑,对那位专家说道:"老伙计呀老伙计,这一次你真的错了!这不是茅台酒,是地地道道的珍酒。"

珍酒问世之后，因为其味道和茅台酒一样，品质和茅台酒几乎没有多大差别，一些见利忘义之人便将珍酒装在茅台酒的瓶子里，当做茅台酒在市场上销售，获取高额利润。遵义市工商局在查到一家商店卖假茅台的时候，工作人员试喝了一点之后，觉得此酒清香醇和，口感特好，觉得好象就是茅台酒。

　　因为工商局的工作人员分不清是真茅台还是假茅台，特请张支云去帮助鉴别。张支云将酒瓶打开，闻了闻之后，便告诉工商局的同志："这酒的确不是茅台酒，是珍酒。珍酒与茅台酒的品质非常相近，但总是有那么一点点差距。这种差距很小，不是专业人士是辨别不出来的。"

　　从茅台酒易地试验的第一天直到 1991 年在珍酒厂退休，张支云在遵义一呆就是二十多年。从建厂初期直到珍酒如日中天的辉煌，每一瓶异地茅台和珍酒都凝聚着张支云的心血。效益好了，工资也提高了，张支云一个月的薪水也达到了 700 元之多。

　　1990 年，63 岁的张支云从珍酒厂副厂长的任上光荣离休。

　　离休之后，张支云又被厂里返聘回去。在返聘回厂的 6 年时间里，他一直担任着生产厂长、总工程师（高级酒师)之职。珍酒厂的所有产品都是张支云汗水的结晶,一直到年事渐高,才不得不离开了他热爱的工作岗位,离开了他一手缔造的珍酒厂。

自珍酒问世后,以其与茅台一脉相承的品质和低廉的价格,迅速风靡市场,甚至远销欧美、东南亚和台港澳地区。珍酒也走进了中南海,成为"国宴酒"、"特供酒"。一流的品质也为珍酒赢得了一连串的荣誉——贵州省第四届名酒、贵州省科学技术进步奖、中国酒文化名酒、中国食品博览会金奖、第五届中国优质酒银奖等等,先后荣获国际、国内金、银大奖共计 33 次,1989 年举行的第五次全国评酒会上,珍酒被评为"国家优质酒"。

邓小平南巡讲话之后,珍酒人铆足了干劲,要大干一番,上马 2000 吨扩建项目,职工迅速由 200 多人增加到 1000 多人。就在扩产项目进行到一半时,中央的宏观调控政策让扩建项目成了半截子工程,珍酒厂因此背负了巨大的资金压力和人员负担。

资金压力和人员负担压得珍酒厂喘不过气来。后来,通过减员增效,下岗分流等措施,珍酒厂才慢慢出现了复苏的迹象。秉承珍酒传统的"遵义号"、"大元帅"、"小将军"等系列酒开发上市。

2006年，珍酒厂新班子组建后，通过一系列市场调研，厂领导认为，"珍酒"在省内外市场上依然有相当的知名度和美誉度，应该重新恢复生产。为此，时任珍酒厂党委书记的申先东决定亲自登门去向老酒师请教。

一天，刚吃过午饭，张支云就听到了敲门声。他开门后，看到珍酒厂的党委书记申先东手里拎着两瓶酒站在门外，还有一个不认识的人站在旁边。

"申书记，您这么忙还有空来我这里。请进请进！"张支云赶紧热情地招呼道。

张支云又看了看申先东身边的客人问道："这位是……？"

"哦！我给您介绍一下，这位是遵义报社的记者李昊，慕名前来看看您老。"

申先东介绍后转身告诉李昊："张老是解放前华氏茅台酒大酒师郑应才的嫡传关门弟子。那个时候，茅台酒一花三枝，华氏、赖氏和王氏。三家酒坊各有掌酒师父一人、二师父一人，张老是华氏酒坊的二师父。解放后公私合营，6位酒师进入贵州茅台酒厂。而今，6位酒师仅剩张老一个人健在。张老是当今中国酱香型白酒酒师的祖师爷，茅台酒文化的活化石。"

"久仰大名，特来登门拜访。"李昊笑着说道。

张支云拉着客人的手说道:"请坐、请坐! 坐下来说话!"

大家坐下后,申先东将手中的酒瓶往茶几上一放说道:"老厂长呀,这是咱厂里新出厂的十年和十五年陈酿珍酒,请您老尝尝,提提意见。"

"包装很漂亮。"张支云拿起一瓶十年陈酿,仔细看了看夸赞道。接着随手拧开瓶盖呡了一下说道:"不错!"

张支云把酒杯又送到嘴边,轻轻的呷了一口,反复叭嗒了几下后,然后随手又倒了几滴在手上,双手来回搓了几下,往头上用力捋了捋头发,再端起酒杯,放到左边鼻孔闻了闻, 又送到右边鼻孔嗅了嗅, 然后称赞道:"酱香浓郁,口感好,回味长,好酒!"

这时,他又用手用力捋了捋头发,放到鼻子前又闻了闻转身对申先东说道:"确实是好酒! 隔这么久香气还在。"

接着, 他把酒倒在一个玻璃酒杯里, 看了一下说道:"颜色正。"

"现在沈厂长想恢复珍酒,您看如何?"李昊问道。

"好呀! 应该尽快恢复! 珍酒不仅酒好,牌子也硬。当年中央领导都点名要喝珍酒。"张支云一边说着一边到卧室里拿出了一本内部资料《贵州茅台酒易地生产试验之谜》接着说道:"我不识字,但我晓得这是中共的红头文件,中央领导也喝珍酒。"

张支云说着,翻开他保存的那本资料说道:"这本内部资料上影印了2001年中共中央办公厅警卫局的一份公函,要求贵州省为警卫局'代购老茅台酒200箱、珍酒150箱。'此外,还有中央机关事务管理局北戴河接待办、省委办公厅的公函,内容都是联系将珍酒作为中警局、省委接待特供酒的。"

说到这里,张支云反问道:"这么好的酒,这么硬的牌子,为什么不恢复?"

张支云的一番话让申先东下定了决心。

"新珍酒的价格如何?"张支云关切地问申先东道。

"我们的酒跟茅台酒比差得了一半不?"申先东没有正面回答,反问道。

"您说哪里话!哪里差那么远,品质上基本都一样,口感上有点差异。喝麻了就完全一个样。这可不是秘密。"

"是呀,可我们的价格却不到茅台酒的一半。不到一半的价格,接近茅台酒的品质,我想新珍酒会被市场接受的。新酒上市的时候,我给您老送几瓶过来品品,让您这个老顾问再提提意见。"

"如果是这样的品质,绝对没有问题!"张支云的语气很肯定。

"张老呀,以后还得您多出出主意。"申先东告辞的时候恳请道。

"没有问题,我虽然退休了,可我们一家都是珍酒人呀。后辈好几个都在珍酒厂。我相信,珍酒不会垮,因为酒好。只要酒好,祖师爷就要给饭吃。"

"好!我回去以后就开始恢复珍酒的生产。另外,今天记者来还有一层意思,想听听您老讲讲茅酒和珍酒的秘密。"

"茅酒的秘密太多了。我是一生茅台缘,半世珍酒情。珍酒和茅酒的渊源,我太清楚了。"提到茅酒和珍酒,张老总有说不完话题:"解放前,茅酒生产是没有任何设备的,酿酒的工艺控制,就是凭眼睛看、手脚感觉、鼻子闻和嘴巴品来把握的。好的酒师会给酒坊带来好的效益,所以酒师在酒坊里很有权威,连掌柜都要让他三分。"

张支云接着说道:"比如发酵,要控制酒曲温度,没有温度计,就完全靠手掌和脚掌来感觉。最后出来的酒的度数,就靠看酒花。"

"酒花是什么？"李昊不解地问道。

张支云起身从厨房里拿了两个碗，在两个碗内分别倒入一些酒，然后将一个碗内的酒倒入另一个碗内，酒面上就形成了一串串气泡，张老说，"这就是酒花，过去就是靠酒花的大小形态来判断酒的度数。"

"真是神了！"李昊赞口不绝，接着问道："那个时候茅台酒的包装封口用的是什么？

"是猪尿包！"

"猪尿包?!"李昊惊奇地脱口而出。

张支云解释道："那个时候没有这么多化学的东西，酒瓶密封就是用的猪尿包。包装前先将猪尿包洗净，然后吹涨晒干待用。酒成品以后，把酒装进土陶瓶里，用松木塞塞好。然后再把晒干的猪尿包用水一漂一搓，切成小块在封口处包好扎紧，风干后就密封得严严实实，也不比现在的塑料膜封口差。"

张支云喘了口气接着说道："这就是老茅酒生产、包装的一个小秘密。既然是小秘密，就不能说是大秘密。"

李昊又问道："那个时候学徒拜师和现在一样吗？"

"不一样。解放后公家的厂里已经没有拜师这个形式了。那个时候，拜酒师要举行隆重的仪式，学酿酒会经常挨师父的打。现在就不一样,师生之间都是同事,重话都不好说。"

"您老的徒弟有多少?"李昊想知道更多的秘密,继续问道。

"说不清,带过的学生有几十个吧。"

"公私合营后,张老在茅台酒厂是车间技术负责人。他带过好多学生,他的那些徒弟,后来都是茅台酒厂的骨干。国家级品酒师、茅台酒厂副厂长李兴发、汪华等都是张老的弟子,现在的茅台集团董事长季克良当年也是张老培养的技术员。"申先东补充道。

听完申先东的补充,张老笑了笑,指着架子上的一件工艺品说道:"季董事长每年春节都来看我,这就是他送给我的……"

"季董事长每年都要来看望您?"李昊兴奋地问道。

"是呀,老季总是忘不了我这个糟老头。"

三个人聊了一会儿,申先东和李昊便告辞了。

到老厂长那里讨教以后,申先东便大张旗鼓地开始恢复了珍酒的生产。

茅台的酒美,茅台的酒香,茅台的酒是国酒文化的杰出典范。一代代酱香大师为之默默无闻地辛勤劳作,传承着灿烂的茅台酒文化。吃水不忘挖井人,茅台人永远都不会忘记一代代老宗师们为茅台酒做出的杰出贡献。

茅台集团董事长季克良经常到张支云家去看望他老人家。两位茅酒大师有长达半个世纪的师生情缘。

那还是在 1963 年，茅台酒的质量出现了波动，引起了周恩来总理和国家轻工业部的极大关注。周总理指示，要选拔、培养相关专业的毕业生到茅台酒厂，以便跟踪研究茅台酒的生产工艺，总结其特点和规律，保证品质。1964 年，刚刚毕业的季克良被轻工业部选拔、分配到茅台酒厂工作。那个时候，张支云已经是茅台酒厂半脱产的一级酒师。季克良分配到茅台酒厂之后，就在张支云的手下工作。季克良当时说的

张支云（左）与季克良（右）

第一句话是:"对茅台酒,我们十年之内没有发言权。"为了这个对国酒的发言权,他从技术员干起,拉过车、背过糟、踩过曲、上过甑,经过张支云等老酒师的传、帮、带,他把理论知识和酿酒实践相结合,一直到把茅台酒的每一个科学的、传统的工艺细节都融入自己的神经末梢之中。最后成了茅台酒厂的高级酒师、全国"五一"劳动奖章获得者、全国劳动模范,茅台集团董事长,我国著名的评酒专家,全国第四届、第五届评酒委员,中国白酒协会常务理事,中共十五大代表,享受国务院特殊津贴的高级知识分子。

季克良没有忘记曾经的老师,没有忘记为祖国的白酒事业做出特殊贡献的老专家。每年春节,他都要到张支云家里去探望、拜年。除了正常的副食礼品之外,今年季开良还特意给他老人家送了一件珍贵的工艺品,祝福他老人家新年快乐、身体安康、家庭幸福。

为实现毛主席、周总理的遗愿,张支云废寝忘食、夜以继日地辛勤工作,呕心沥血七个春秋,终于使茅台酒易地试验胜利成功,完成了党中央、国务院交给的光荣任务,成为珍酒厂的生产厂长兼总工程师,珍酒厂的创始人。老人家虽说退休了,但珍酒人却没有忘记他,没有忘记他创业的艰辛,没有忘记他对茅酒和珍酒做出的杰出贡献。

2008 年 8 月 21 日，是张支云八十大寿。在老人家八十寿辰之际，珍酒厂党委非常重视。在党委书记、厂长申先东的亲自操办下，全厂职工为老厂长隆重举行了八十大寿庆祝活动。

金秋 8 月，暑威尽退，秋高气爽。革命圣地，景色宜人。遵义古城锣鼓喧天，珍酒厂的几百名干部职工欢聚一堂，载歌载舞，隆重庆祝老宗师的八十华诞。

德为世重，寿以人尊。名高北斗，寿比南山。张支云依他正宗的嫡传、高超的酿技，为茅台的酒文化做出了不朽的贡献，赢得了茅酒人的崇拜爱戴。

酒会大厅富丽堂皇，主持人用她那悦耳的声音，讲述着老宗师的赫赫功绩，鞭策全厂职工以老厂长为榜样，把茅酒文化发扬光大。

对老酒师的感恩之心体现最充分的是他的学生、徒弟们。

"师者，传道授业解惑也。"老师是传授文化、技艺的人，是人类文化得以传承的功臣。尊师重教是中华民族的优良传统。

酿酒和其他行业不太一样，酿酒技术靠的是人体器官的感应，靠的是师徒之间的口口相授。但国营企业技术员的培训和"传徒不传子"的那种族谱式的培养模式总是有些区别，师徒关系也因此变为师生关系。虽说教者和学者不再进行什么拜师仪式，但老师总归是传道授业解惑的老师，老师对学生的教授是非常尽心的，学生们对老师也是非常敬重的。

茅台酒厂高水平的酿酒大师都是技术员的老师，张支云一直是培训技术员的主要老师之一。

张支云一生带过许多学生：季克良、袁仁国、李兴发、汪华等，这些后来的茅台酒厂的挑梁人对张老都很敬重。当然，因为师生之间的性格、兴趣、人际关系等因素，以及以后工作、生活环境的变化，自然形成了老师和技术员之间的交情薄厚、关系远近的隐形格局。在张支云的诸多学生中，有12位学生和张老师徒关系最好。逢年过节，他们都会去探望他老人家，周素华便是其中的一位。

周素华是张支云在茅台酒厂的第二个学生。周素华诚实本分、勤于学习，在参加技术培训之外，经常找张老师请教。张支云很喜欢这个勤于学习、上进心强的学生，每问必答，有惑必解。在张支云的精心培养下，周素华进步很快，很快便成为二车间班长、酒师，继而担任了二车间的党支部书记。

张支云退休以后,周素华经常去看望老人家。周素华退休之后,他们之间的关系走得更近了,经常在一起唠嗑聊天。

　　师生和师徒虽说是一个基本概念,但称谓和传授方式总是有那么一点区别。在国营企业里,学生是所有老师的学生,老师是所有学生的老师,没有一对一的关系,也不确定谁是谁的徒弟。而师父和徒弟之间的关系却是非常严谨的,有着系统严格的师承关系。

　　在张支云的诸多学生中,只有一个嫡传弟子,那就是张富杰。因为师生和师徒之间关系的区别,他们之间的关系明显不一样。

　　"人有三尊,君、父、师。""一日为师终生为父。"张富杰对自己的师父常怀感恩之情。在古代,徒弟对师父有"生则谨养,死则敬祭"的义务。在现代,师父有自己的退休工资,不用徒弟"谨养",张富杰稍有空闲,便和妻子一起,带着礼品去看望自己的师父,当然,逢年过节和师父家里的大事小情,肯定必到。2012年7月2日,在老人家85岁生日之际。张富杰全家举办了一次隆重的谢师酒会,深切地表达自己对恩师的感恩之情。

传承酱香魂

华茅第三代宗师张支云一生心底无私，虽然年迈仍精神矍铄，雄心壮志不减当年。晚年的张支云虽说公家的事操不上心了，但仍然没有放弃他那一辈子融在

酱香宗师张支云

酱香宗师

血液里的魂牵梦萦的茅酒情结。他清楚的知道,茅台酒闻名于世,国营茅台酒厂产量的增速远远满足不了突飞猛进的市场需求,供求矛盾一直都很紧张。加之外交酒、专供酒等特供渠道多、需求量很大,导致市场上茅台酒极缺。为了缓解市场供需矛盾,为了把自己的手艺传承下去,把茅酒文化一代一代传下去,同时让"普通老百姓也能喝得上、喝得起茅台的酒",2009 年 5 月,他和他嫡传弟子张富杰一起,在水质最好的茅台镇观音寺社区赤水河畔建起了一座茅酒厂。

张支云在技术上亲自指导和把关,和自己的爱徒一起酿造茅酒,共同打造出了一批能和茅台酒相媲美的美酒佳酿——张茅酒、张氏源酒和张尊酒。第一年生产了 80 吨优质茅酒,第二年产量达到了 100 吨,之后的生产能力每年达到 200 吨。

老宗师张支云将传承酱香文化、传承茅酒工艺作为自己一生的使命，耄耋之年还在不懈地努力着，他追求的目标是：在自己的有生之年，帮助儿女和爱徒烧好茅酒，以上乘的质量，依托茅台酒的全球性品牌优势，为打造茅台酱香型白酒产业基地增砖添瓦，为普通老百姓提供高品位、低价位的茅台系列美酒，以醉人的芳香将中华酒文化的魅力和韵味淋漓尽致地展示给世界，也将茅酒嫡传技术一代一代传承下去，将茅台酒文化不断发扬光大。

张支云与党忠义

为了了却自己的心愿,2012年7月1日,老人家在爱徒张富杰为他操办的谢师宴上,专门送给张富杰一个本子,嘱托他的爱徒:"做好人,做好事,做好酒,传承茅台品质,再创张茅品牌!"

　　2017年11月22日,在《酱香宗师》作者党忠义先

第三代宗师张支云的嘱托

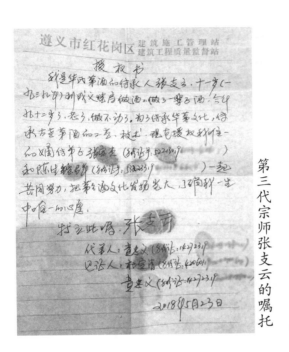

第三代宗师张支云的嘱托

生和知名作家闫爱武去探望张支云时，谈起了他想给师父、师爷和为茅台酒做出贡献的老酒师以及师傅们们建祠庙的愿望，并嘱托徒弟张富杰来完成。经老人家口述，党忠义代笔，给张富杰写了一份书面嘱托："我是华茅的传人，烧了一辈子酒，把酱香文化和茅酒工艺一代一代传承下去是我一生的情结，为华茅的前辈修祠建庙，传承酱香文化和茅酒工艺是我的心愿。我今年九十岁了，希望我的徒儿张富杰能替我实现这个念想。"

直至 2018 年 5 月 23 日，张支云老人再一次提出了让陈生铠群、党忠义和张富杰一道，共同努力，完成他的心愿与打算。那天，老酒师非常高兴，特意授权陈生铠群和张富杰一起来完成华茅文化园的建设：

"我是华氏茅酒的传承人张支云，十一岁（1939 年）到成义烧坊做酒，做了一辈子酒。今年九十二岁了，老了，做不动了。为了传承华茅文化，传承古老茅酒的工艺、技术，现授权我唯一的嫡传弟子张富杰（身份证号：52213019……）和陈生铠群（身份证号：53223319……）一起共同努力，把茅台酒文化发扬光大，了却我一生中唯一的心愿。"

第四代嫡传大师张富杰

华茅的酒文化、华茅的酿制工艺，自同治元年（1863 年）成义烧坊的朱酒师开始，传到二代宗师郑应才，郑应才传郑义兴、郑银安、张支云。解放后三家作坊合并为国营茅台酒厂之后，由于国营企业实行的是技

左起：张富杰、邱利兴、李洪涛、张支云、汪成彬

术员培训制度,师父带徒弟的传承方式从此中断。茅台酱香型白酒的嫡传到第三代传人之后，便没有了嫡传酒师。

时光如水,日月如梭,逝者如斯夫！茅台酒厂初始的六位酱香宗师有五位带着他们的绝技已经相继离开了人间,仅剩张支云老先生一个人还健在,成为茅台酒文化目前唯一的一块活化石！

1985年10月，在茅台酒易地试验厂担任总工程师、生产厂长的张支云,收下了在厂里担任生产班长、酒师、一车间白酒评比小组组长的亲侄张富杰为关门弟子。使得华茅的嫡传得以延伸和传承。

1961年农历3月4日，华茅的第四代传人张富杰出生在贵州省仁怀县茅台镇观音寺社区。

观音寺位于茅台镇城区西北部,赤水河西岸,黑箐子山角下。平均海拔 530 米,四周群山环峙,地势险要,呈带状分布,面积约 1.5 平方公里。二十世纪六七十年代,观音寺村有汉族、苗族、彝族、土家族百姓,全村两千多口人仅有一百多亩山坡地,可耕土地少得可怜。"山多田地少,水多水田少,人多耕地少,坡多平地少",是典型的贵州山区农村。虽然和著名的茅台酒厂隔河相望,但国营厂给周边的村子也带不来什么收入,山民们的生活非常艰难。

张富杰的父亲张支培,生于 1948 年 11 月 13 日(农历十月十三),是个地地道道的庄稼汉。

在红旗下长大的张支培从小接受的就是热爱祖国、热爱人民、学习雷锋、做共产主义事业接班人的良好教育,加之脑子聪颖、学习一直很好。但是,由于受当时客观条件的限制,初中毕业以后便回村务农

张富杰的父亲张支培

了。

在二十世纪五十年代的山区农村，张支培已经算是个文化人了，初中毕业后，便在大队里担任会计。但那个年代村干部是没有特权的，每个人每年分一百八九十斤粮食，大家都一样，因此，张家的光景也没有例外。

1959年——1961年，由于自然灾害的原因，我国经历了"三年经济困难"时期。这一时期，老百姓的日子最难过。最困难的1961年，张富杰降生了。长子降生，张支培很开心，但也很忧愁。家里添了人口，但却减少了一个劳力。妻子最少要两三年不能正常参加农业社的劳动，每年要少挣2000个工分，家里的收入就要明显减少，生活会更加困难。1962年也是一个较大的旱灾年，粮、油和蔬菜、副食品等物质的极度缺乏，严重影响到老百姓的健康和生命。但在父母的呵护下，张富杰这个顽强的生命还是健康的长大了。

张富杰的童年时代，是在唱着"我们是共产主义接班人"的歌曲，从小学到初中，在夜不闭户、路不拾遗，国泰民安的环境中幸福成长。但随着二弟、三弟的降生，家庭的困难也越来越大，为了减轻父亲的负担，1978年，初中刚念完的张富杰便回村参加生产队劳动。

为的是给家里多挣一些工分，让父母肩上的担子减轻一点，让年幼的弟弟生活的更好一点。但恶劣的自然条件，微薄的农业收入，总是让他觉得心有不甘。1980年实行生产责任制后，虽说生产队把所有的农田按人口分给了各户。但少得可怜的贫瘠山地对家里的状况并没有改善多少。张富杰风里雨里在那十几亩瘠薄的山地里刨了几年，却没有多大收获，只是解决了一家人的温饱，结婚时还欠下不少的外债。后来，外面的市场活了，大山之外可以发展的机遇多了，从小心怀大志的张富杰就想到外面闯一闯，多挣一些钱养家糊口。于是，他把自己的想法告诉了父亲。

张支培是个很传统的人，他不愿意让儿子去做生意，觉得即便是想出去做事，也应该学学手艺或者找个正式工作。于是，他就开始给儿子找门路。

张支培有个堂姐叫张支秀，出嫁到茅台镇的羊岔街。张支秀的姐夫叫刘宗发，是茅台酒厂的老工人。于是，他就想托张支秀给她姐夫说说，看看能不能让儿子到茅台酒厂当工人，一是工作稳定，二是还能学个手艺。

吃罢午饭，张支培便去找张支秀。说明来意之后，张支秀满口答应，对堂哥说："去和姐夫说说后再回话。"

第二天下午，张支培再次去见张支秀。一见面张支秀便开口说道："我问了姐夫，他说'国营酒厂招工是有时间的，眼下还没有听说招工，不如去找一下你堂兄张支云。'我想也是，堂兄张支云去搞茅台酒异地实验，之后就留到了珍酒厂，是生产厂长、总工程师，让他给安排一下最简单。"

张支培觉得也是，便对张支秀说道："这样也好，堂哥是技术权威，跟上他还有学烧酒的机会。您和他熟悉，我和堂哥还没见过面呢，就麻烦姐辛苦一趟，去给大哥说一下。"

张支秀慨然答应："那没问题，自己侄子的事应该的，我明天就去一趟遵义。"

张支培其实早就知道他的这个本家堂兄，但却一直没有见过。早在二十世纪五十年代的时候，他就听堂姐张支秀说起酒厂有他们一个堂兄叫张支云。后来，在茅台一支的张氏族谱续写的时候，通过张氏族谱，张支培也了解到，他们家和张支云家都是从小耳沟水磨塘迁出来的，都是张桂春的后人，他俩同是支字辈的堂兄弟。茅台的这一支迁出来的时间比较早，是在张支培之上的六世祖张尔泰的时候，便举家迁居到了茅台的观音寺村。张尔泰生张子仁,张子仁生张纭,张纭生张弟良、张弟兴。张弟良生张茂位,张茂位生张振林,张振林生四子:张宗诚、张宗文、张宗奎、张宗海,张宗奎生三子:张支怀、张支现、张支培。按照族谱"弟茂振宗支,富贵映天时"的排行,张支培和张支云都是支字辈的一辈人。

张姓世系出自冀州清河郡至今,历经以、凰、复、鼎、百、世、学、永、正、统、富、福、芳、代、德、兴、春、思、系、尔、子、玉,凡二十二代。近代后世族系的排行为:弟、茂、振、宗、支、富、贵、映、天、时。张支云、张支秀、张支培同是支字辈。

鸦片战争以后,为避兵乱,张支云的爷爷带着家

《张氏家谱》记载

眷,离开了大坝镇的小二沟水磨塘,居住在了二合镇的高潮村。

张支秀是出嫁到茅台镇羊岔街的,她的姐夫叫刘宗发,是茅台酒厂工人。二十世纪五十年代,张支秀住在羊岔街,虽然住在一条街,但和张支云还不认识。后因张支云和刘宗发都在茅台酒厂,两人关系也比较好,刘宗发常到张支云的出租屋聊天。这一时期,通过刘宗发张支云夫妇认识了张支秀。熟识之后,张支云的夫人陈崇楠和张支秀来往比较亲密。在张家长李家短的拉家常中,张支云夫妇知道了张支秀是自己的一个本家。通过张支秀,张支云也知道了茅台镇的观音寺村有他们老张家的一支血脉,张支秀和张支云都是支字辈的,张支秀小张支云两岁,是张支云的本家堂妹。也就是那个时候,张支云知道了张支秀的弟弟叫张支培。但因为一直忙于工作,也没有和这个堂弟见过面。

张支秀受张支培之托,去了一趟遵义十字铺。

到了珍酒厂家属区之后,张支云家里只有陈崇楠一个人在家。好久没有见面,姑嫂间格外亲热。说了一会儿话之后,张支秀便说了到遵义找大哥的来意。陈崇楠笑了笑说道:"你大哥又是生产厂长,又是总工程师,忙死了,一天到晚都不着家,你今天不回去了,看他晚上什么时候能回来,给他说说。"张支秀忙说道:"我不停了,今天还得赶回去,您给大哥说一下,有消息告诉我,我就不在这给您添麻烦了。"陈崇楠挽留不住,就放张支秀回去了。

"贵州茅台酒易地生产试验(中试)"鉴定之后,成立了珍酒厂,全厂上下在一片欢腾的同时,工作也非常忙碌。作为珍酒厂的第一任生产厂长,张支云比其他人更加忙碌,几乎每天回家都很晚。这天,他回到家已是午夜 1 点了,妻子陈崇楠却还没有睡。他问道:"小妹,怎么这么晚还没有睡觉?"

"有一件事想和你商量一下。"妻子回答道。

"你这个家伙,什么事非得这样,半夜不睡觉等我。有话什么时候不能说?"

"我的大厂长,你看你多忙!一天到晚谁能逮住你!"

"好了、好了,是我不好,你说吧!别耽误我睡觉。"

陈崇楠犹豫片刻,试探地说道:"今天支秀从茅台来了,说他侄子中学毕业在家没事干,看能不能到厂里来上班。如果厂里招工,你就给考虑一下。"

张支云没有说话。

给厂里安排一个干活的人,对一个厂长来讲可以说是易如反掌。但在他正统到呆板的脑子里，从来就没有利用手中的职权为自己办点什么事的念头。从茅台酒厂到珍酒厂，三十五年来他没有给厂里安置过一个工人。计划经济的年代，国营厂招工是有许多具体规定的，由于招工名额少，即便是在规定范围内，也不一定全都能被录用。每次招工都可以说是挤破头了。因此，厂里的每次招工，都会有很多人拿着礼物找上门来，但都被他拒绝了。他没有收人礼物的先例，也不破坏厂里的人事制度，一切按制度办事。改革开放之后，经济搞活了，人们的观念变了，这种现象就少了，也很少有人再找他这个古板而认真的厂长要求招工了。他感觉到清静了许多。今天，这个从来没有向他提过类似要求的相濡以沫的妻子第一次向他提出了这个要求，他不想拒绝。一是因为酒厂的活本来就苦，现在经济很活，许多人已不愿意干这种又热又累的活儿，特别是年轻人。二是珍酒厂刚成立不久，生产规模要扩大，厂里人手不足，正准备招收一些工人。在这种情况下安排一个工人进厂干活也不算是利用特权谋取私利。于是，他便顺势卖了一个人情，笑着对夫人说道："小妹，今天老哥给你这个面子！"

这对夫妇开玩笑是家常便饭。

"给我这个面子？现在的年轻人谁还愿意到你那个又热又累的厂子里去受苦？更何况那是你们老张家的人，又不是我娘家的什么亲戚，别给我卖这个好！"陈崇楠反唇相讥。

其实也是。张支云自八岁离家之后，没有多久哥哥便因病去世了。也是因为兵荒马乱，他就再没回过那早已经没有亲人的家。解放后，生产任务很重，夜以继日地忙碌，除了每年清明节去给两个老人烧点纸钱之外，很少回那个偏僻的老家，也没有进过那已经破旧不堪的家门，张氏家族的亲人几乎就没见到过，还别说有什么联系。就是和张支秀的来往，也还是当年在羊岔街住的那一时期才有较多的来往。能遇到一个本家的亲人，他心里当然很高兴！

隔了没几天，张支秀便领着张富杰来到了张支云的家里。

侄子的到来，让张支云心里特别高兴，张富杰进厂做工的事就定下来了。

张富杰进厂以后，什么都不会，张支云就把他安排在一车间当工人。之后，因为忙，也没有再去管过他。

1985年10月的一天，张支云到一车间检查工作。当时，车间里正在起糟，工人们一个个光着膀子在那里起糟、背糟。工人中有一个生龙活虎的小伙子特别显眼,引起了张支云的关注。那小伙子精力充沛,干活十分卖力,张支云注视了一会儿,觉得这个小伙子有点眼熟,但他一时半会儿却想不起来。于是,他便走到小伙子身边,问道:"你叫什么名字?"

"我叫张富杰。"

小伙子回答后又说道:"大伯,你不认识我了?我是茅台的张富杰呀!"

"哦!是富杰呀,我都记不得你了。"张支云有点不好意思。

记人是张支云的智商盲区。满脑子都是酒的总酒师、厂长和陌生人初次见面,过后就会忘掉。也是因为仅见过张富杰那么一次面,所以,当张支云在车间看到张富杰的时候,竟然没有认出来。

张支云看着眼前这个远房的侄子,脸上露出了难得的一丝笑容,拍了一下张富杰的光膀子说道:"干的不错,好好干!"

机会总是留给那些吃苦耐劳、聪明能干的人。由于张富杰聪明利索、干活卖力,干了两个月的起糟、背糟后,很得车间领导的赏识,被调到了生产班学习烤酒。

在生产班工作了一年之后,张富杰以出色的表现被提拔为生产班长。

担任生产班长之后,肩上有担子了,和普通工人就有了区别。不再仅仅是自己努力干活就行了,领导全班工人完成整个生产任务成为他工作的首要任务。

张富杰当班长之后的第一次下窖,心里就有点发愁:混蒸糙沙之后,什么时间、发酵到什么程度就可以下窖,张富杰只是知道一些皮毛,具体操作时却没有太大的把握。明天要下窖了,他在这方面的经验却还很少,思想上有点压力,晚上很晚都不能入睡,一个人在厂里的马路上踱步徘徊。这个时候,他看到厂长办公室的灯还亮着,便想去问问当生产厂长、总工程师的大伯。于是,他快步向厂长的办公室走去。

这是他进厂一年多来第一次到厂长办公室的。当他举手敲门之时心里却忐忑了:厂长虽说是大伯,但从来不敢和他多说话,大伯那严谨的工作作风、严肃古板的脸庞总是让他敬而畏之。现在时间已经很晚了,这个时候去打扰他,突然觉得不太合适。他在厂长的办公室门口徘徊了一会儿,最后还是鼓足了勇气,大着胆子敲了厂长办公室的门。

"进来!"张支云正在办公室埋头加班,看到进来的是张富杰,问道:"有事吗?"

张富杰怯懦地上前说道:"明天我们班下窖, 我却对下窖还不太懂,想请您指点。"

"你还干的不错,才一年就当了生产班长,好好干吧! 以后有什么不明白的地方就来问我。你回去睡觉吧,我这一会儿很忙,明天我到车间来给你指导指导。"

看到这个利落、能干的远房侄子,张支云突然心血来潮,有了一个好些年都没有的想法:"把这小子培养培养!"

几十年来, 收徒弟的这个念头在张支云的脑海里就从来没有出现过。他一生没有正式收过徒弟。解放前,他是成义烧坊的二师父,有师父在就轮不到他。解放以后,因为新的企业管理体制打破了旧有的保守、封闭传统, 国营厂对技术人员的培训是有计划的、系统的、公开的组织培训,并由企业的一个部门来管理,由有经验的技术权威进行教授。在茅台酒厂期间, 张支云先后培养过像季克良、袁仁国、周素华这样的几十个学生。但这种培养和过去的师徒关系不一样。用张支云的话来讲"那个时候, 学徒拜师父要举行隆重的拜师仪式,学酒师的过程中会经常挨师父的打骂。解放后就不一样了,大家都是同事,重话都不好说。"因此,他也就没有一个正名的徒弟。到实验厂以后,易地试验任务压头,一直都在忙于科研,加之技术人员都是从茅台酒厂调过来的,也没有培训技术员的任务,因此,就再没有带过徒弟。

易地试验成功之后,成立了国营珍酒厂,张支云成为珍酒厂的总酒师、生产厂长,管理全厂生产本身的业务就很繁忙,培训技术人员都是由培训部主管,只是在业务培训的时候抽出时间去上上课。因此,也就没有正式带过徒弟。当然,今天突然冒出这么一个念头也是有原因的:一是张富杰是老张家的嫡亲,离退休没有几年的张支云突然觉得应该将茅酒技术在张氏一门传承。二是因为这个小伙子很优秀,是一个好苗苗,有培养前途。于是,他便产生了把自己的这个侄子好好培养培养的想法。

第二天一上班,张支云便去了一车间。

到了一车间后,工人们都已经到齐了,正在准备开始下窖。可在这个时候,张富杰却还在那里挠头。他觉得没有多大的把握,把手从糟堆里拔出来、塞进去,就是把握不准温度。看到进了车间的厂长,张富杰喜出望外,赶紧走过去迎接,请他指导。

张支云走到糟堆旁,将手插入糟堆,说道:"可以下窖了。"说罢,便对张富杰传说道:"你记住,一般情况

下,糙沙发酵需要三天,但下窖的时间却是要根据温度来确定。测试糟堆温度不能靠温度计,必须用手来测试。酿酒和其他产品不相同,就是脚踢手摸。脚踢凉糟,手摸试温。"

说着,他从糟堆里抓了一把糟粕,接着说道:"先从糟堆中抓出来一些放在鼻子跟前闻一闻,看看香型够不够。然后用手去试温度。人的正常体温一般为 36 度到 37 度,手插入糟堆之后,略有烫手便是 40° 左右。一般情况下,上温为 35° 左右,中温为 40° 左右,下温为 30° 左右。通过人体测试之后,凭感觉决定下窖时间。"说完之后,他让富杰用手再进行测试,然后记住这个感觉。

总酒师、厂长亲自来指导下窖,在一车间的确是史无前例的,这对一线的工人们来讲,的确是一个极大的鼓励,也是一个学习的好机会,大家都目不转睛地看着张厂长,听着他的讲解。

张富杰一边听着大伯的讲解,一边用手分别插进糟堆的上中下各部,细细感觉糟堆的温度,牢牢地记在了心里。

从此以后,一班酿酒的每一个环节张支云都要现场指导。尤其是在掌握酒的度数这个技术难度最大的环节上，张支云教导的更细："掌握酒的度数不能靠浓度计，全凭肉眼观察，以酒花确定度数。大花一般在80°左右，中花在50°左右，小花在28°左右，尾花一般在十几度。将这些不同酒花的酒进行勾兑，勾兑以后再看酒花，入库酒一般掌握在±54°即可。"口授心传，多次实践，张富杰很快掌握了这方面的技术。

由于张支云的经常指导，加之小伙子工作努力、勤奋好学，张富杰的进步很快。一班的任务也完成的很好，每月的出酒量都达到了七吨，工人的奖金也增加到三四百块钱。

效益上去了，奖金也多了，工人们都很高兴。下班之后，几个要好的工友拥着张富杰出去喝了一点酒，酒后，这些毛头小伙子便聚在一起打起了麻将。

年轻人打起麻将就没个控制，一下子玩到了次日的凌晨两点。白天的体力劳动，晚上再熬夜，人的体力是有限的，结果耽误了工作。

第二天要下窖，由于上班迟到、精神不济，结果把下窖耽误了，糟堆的表层被烧干了。张富杰面对着出现的异常现象束手无措，急得团团转。

来到车间的张支云看到这种情况后大怒："怎么搞的！张富杰你是干什么吃的？我看你怎么办！"

张支云的狂怒使张富杰很害怕，他的身体发抖，站在那儿不知所措。

"怎么办？怎么不说话？"

"我不知道该怎么办。"张富杰战战兢兢地回答。

"为什么能出现这种情况？"

"耽误了。"张富杰没有敢说打麻将。

"我还以为你了不得呢！以后还敢不敢呢？"

"不敢了。"

"不说了，以后再出现这种问题小心着！你们现在把这层干糟给我全刮下来，撒上尾酒，拌匀放到窖底。"

张富杰如释重负，赶紧领上工人们刮糟。

从此以后，张富杰再也不敢疏忽大意了，他努力学习，认真负责，一班的工作再也没有出过差错，始终走在全车间的前面。

1987年，珍酒厂进行优化组合。一车间80名职工组合五个班，每班定员12人，由工人无记名投票选举五个酒师，五个班长。张富杰以53票的多数当选为一班班长、酒师，并担任了一车间白酒评比小组组长。

看到张富杰的进步，张支云心里很满意。一天，张富杰前来请教有关品酒方面的问题时，张支云解决完技术问题之后对张富杰说道："富杰呀，你现在还很年轻,好好学吧,以后我会尽力教你的,希望你能很好地把茅酒的文化、茅酒的技术传承下去。"

"谢谢大伯!"张富杰几乎是有点结巴地谢道。他的心情很激动,大伯有培养我的想法,我一定要好好学习,真正成为一个好酒师。

"酿酒从表面看起来不是那么复杂,是个苦活。实际上是一门很深的学问。要达到一定境界,是非常不容易的。一般的人甚至一辈子也领悟不好。我看你还灵性,就想把我的那些技术慢慢传授给你,希望你不要辜负我的希望。"

大伯的承诺使张富杰心情很激动,连连点头说道:"我明白了。"

张支云接着说道:"你是我们张家的孩子,以后我会对你更加严格。我要教育你,你要吃苦耐劳,要服从组织,遵纪守法,做一个诚实的劳动者。我们都是穷人出身,是共产党和毛主席让我们翻身解放,过上好日子的,任何时候我们都要对得起党,对得起毛主席。也要教育子孙后代,永远听党话,跟党走,绝不变质。"

富杰认真地听着,不断地点着头。等大伯说完,张富杰严肃的说道:"请大伯放心!我一定好好学习,好好工作,好好做人,绝不辜负大伯的期望!"

张支云有意培养张富杰，这对一个刚进厂没有多久的新工人来讲，可以说是喜从天降！当初到珍酒厂上班，张富杰是为了有一份工作干，能养家糊口，减轻父亲肩上的担子，根本没有想到自己还有机会学习酿酒的技术。现在机会来了，张富杰当然会抓住不放的。他知道大伯从来没有自己收过徒弟，竟痴心妄想的想做大伯的关门弟子。他知道，关门弟子和一般的徒弟是有很大区别的，能把大伯的全部技术学到手，那可是一件天大的好事！可他却不敢对大伯讲。思前想后，决定让他父亲来出面。于是，便写了一封信，将大伯要教他酿酒的技术以及自己的想法写信告诉父亲，让父亲到遵义来一趟。

　　张支培从儿子的来信中得知，大哥张支云要给儿子传授酿酒技术，心里非常高兴！他心想，这是一个好机会，张支云是自己本家的大哥，是华茅的嫡传大师，收自己的侄子为关门弟子应该是名正言顺的。如果能把这件事促成，对儿子以后的前途会有很大的帮助。于是，他决定亲自去一趟遵义，一是当面感谢大哥，二是将儿子嘱托给大哥，让他好好培养。三是和大哥商量一下拜师的事。如果一切如愿，就约定一个时间，给儿子搞一个拜师仪式。

决定要去遵义以后,张支培便写信给儿子,问明了珍酒厂的地址,并约定了去遵义的时间。

张支培是个很爱脸面的人,去遵义的那天早上,他看着自己打着补丁的衣衫心里觉得有点寒酸：今天要到城里去,这样的穿着的确有失颜面,于是,便让老伴王学连给他挑一身能穿得出去的新一点的衣服。

老伴从家里的那个老式衣柜里翻了好长一会儿,挑来拣去,虽然没有找到一件像样的衣服,但总比平常穿的这件要好一些, 好在老伴还给他藏着一双崭新的布鞋。贤惠的王学连细心地给孩子他爸进行了一番打扮。

经过妻子的精心打扮, 张支培显得比以前精神多了。

吃过饭后, 张支培怀着既兴奋又忐忑的心情离开了家,过了赤水桥,在镇上的汽车站坐上了去遵义的客车。

道路不好加之路途较远, 一直到下午才到了遵义城。

因为有儿子信上的指点, 张支培到了遵义以后没有费多大劲,很快便找到了去十字铺的公交车。

坐上公交车后,他花了一块钱买了车票。

因为是第一次来到这儿，一切都很陌生，张支培一路都很担心，总是怕坐过了站到不了十字铺。于是，每隔一会儿他都要轻声轻气地向售票员问道："十字铺我没有去过，到了十字铺告诉我一声。"售票员客气的回答说："你放心坐下，到十字铺后我告诉你，到站我会让你下车的。"

十字铺下车之后，聪明的张支培很快就找到了珍酒厂。因为没有电话，儿子还在上着班，没有办法和儿子联系，张支培一时不知如何是好，只好在珍酒厂的大门外徘徊。

"这要等到什时候呀！"在大门口徘徊了一会儿后，张支培心里有点着急。

"还是到门房里打听一下吧！"张支培想道。于是，他鼓了鼓勇气走进了大门，推开了门卫室的门。

里面是一位女同志，张支培胆怯地问道："同志，您知道张支云厂长住哪里？"

女门卫看了看这个土里土气的乡下人开口问道："你是干什么的？找张厂长有什么事？"

张支培回答道："我是茅台人，张支云是我的堂哥。"门卫听了他那满口的茅台口音后笑着说道："不用说了，你确实是茅台人，满口的茅台腔。这样吧，你从大门进去一直往前走，四号楼旁边的一栋就是张厂长的家。"

张支培感激地说了一声谢谢，便按照门卫的指点，径直向张厂长的门口走了过去。

到了门口，门开着，一个身材瘦小、五十多岁的女人在那里扫地。张支培上前问道："娘娘，麻烦问一下，张厂长是住在这儿吗？"

那女人抬头看了一眼这副陌生的面孔问道："你是谁呀？找张厂长有事吗？"

"我是张富杰的父亲，张厂长是我的大哥。"张支培赶紧回答道。

"呀！你是富杰的父亲呀！听支秀说过。张厂长是你的大哥，我是你的大嫂，赶紧进屋！"那个女人满脸笑容地说道。

"终于找到了！"张支培的心里顿时觉得轻松了许多。他跟着大嫂进到了大哥的家里。

"坐、坐、坐！肯定走累了！"陈崇楠很热情地招呼着。

张支培这个来自深山农村的汉子看着张厂长整洁的寓所，看着自己土旧的衣服，心里忐忑不安，他不敢往沙发上坐，站也不是，坐也不是，一时不知所措。

精明的陈崇楠看出了蹊跷，热情地劝说道："兄弟，你坐呀！就坐在沙发上。我看你都出汗了，一定是走热了，我给你打洗脸水去。"张支培很不自在地坐在了客厅的沙发上，就像刘姥姥进了大观园一样，一脸窘相，手脚都没处放，很不自在。

就在大嫂为他打水的这一会儿，张支培不自觉地看着自己土里土气的衣着，心里又从另一个角度开始不安。他不知道这个当厂长的大哥看得起看不起他这个穷兄弟，见了大哥以后该怎么说？心里上七下八的。

陈崇楠给他打来了水，他洗罢脸后便问大嫂道："大哥不在家？今天能见到他吗？"

陈崇楠笑着说道："兄弟，你坐吧，休息一会儿，你大哥下了班就回来了。

大嫂很热情，家长里短和他聊个不停，张支培那紧张的情绪也就慢慢放松了。

大约一个多时辰，张支云回来了。

张支云一进门，陈崇楠笑着说道："你看谁来了。"

张支云看了看坐在沙发上的陌生汉子，觉得没有见过。正在疑惑，陈崇楠笑着介绍道："这是富杰的父亲，你的那位兄弟。"

张支云听后满脸笑容地迎上前去，伸出手握住了早已站在面前的堂弟的手大声说道:"好兄弟,你来了!见到你我很高兴!"

大哥平易近人的态度,和蔼可亲的笑容,让张支培忧虑顿释。他紧紧握住大哥的手,不停地点头,应声说道:"大哥,您好!"

一番寒暄之后,张支云无限感慨地说道:"不容易呀!总算又看到了我张门的一个兄弟了。我从小殁了父母,给人做短工,放羊、放牛、割草、拾柴,背小孩,靠自己的一双手艰难生存。十一岁的时候,只身一人到了茅台。这一晃就是几十年,本家的亲人都不相识,能见到你心里很高兴!"

张支培接过话头说:"茅台咱们本家的人很多,再回到茅台到观音寺去看看。不过他们都是农民,日子过得不好,都很穷,怕你不适应。"

"你说哪里话?我本就是穷苦人出身,不管什么时候我都不会忘本变质的。我爱穷人,就像共产党和毛主席爱我一样。党提拔我当干部,当干部就是为人民服务。做好本职工作,要尽自己最大的努力,为社会主义建设做出突出的贡献。我们是酿酒的,任务就是为社会主义祖国出好酒,多出酒。"

张支培高兴地说道:"大哥的思想觉悟就是高,我一定要让富杰多向您学习，当一个社会主义革命和建设的有用人才。富杰现在在您身边，您一定要多教育他，对他要严格要求。"

"不用说，富杰是自家人，我会更加严格地要求他，好好培养他，把他培养成有用的合格人才。"

"谢谢大哥！富杰就托付给您了，您好好替我管教他。"

"那没问题，我会好好培养他的。"

两兄弟正聊着，陈崇楠把饭端上来了。

"开饭啦！你们两兄弟一边吃一边聊吧，不要和肚子过不去。"陈崇楠一边往茶几上摆菜，一边说道。

"好吧！来来来！吃饭！我想你已经饿了。"张支云一边招呼一边从桌子旁边提了一个五斤重的白色塑料壶，打开壶盖，往崇楠摆在茶几上的玻璃酒杯中倒了三杯酒。然后说道："尝尝我们的珍酒。"

陈崇楠每顿饭都要喝一杯酒，这是多年的习惯了。亲人相见，这酒肯定是要陪的。三个人一边吃饭，一边连连举杯。

酒过三巡，张支培把话拉到了正题上："大哥，富杰写信告诉我，您在教他酿酒，这是他的福气。娃娃写信告诉我，说他有一个心思，想当您的关门弟子。可他不敢跟您说,让我和您商量,您看行不行?"

"解放以后都不兴这个了,我就没有收过徒弟,关门不关门有多大意思,我把他培养好就行了。你说呢?"张支云笑着说道。

"大哥,咱们老张家就出了您这么一个茅酒大师,您的手艺应该名正言顺的传下去。我觉得,咱们还是按照老规矩搞一个拜师仪式,孩子的心里也踏实。"张支培用商量的口气向大哥请求道。

"好吧!既然他想这么做也没有什么不可以。富杰这孩子很聪明,也很勤奋,我看是块好料。"

"谢谢大哥!借花献佛,用大哥的酒我敬大哥、大嫂一杯!"张支培高兴地举起了酒杯。

张支云的酒量稍大点,张支培的酒量却不行,但因为心里高兴,还是多喝了一点,但没有喝醉。

因为心情舒畅,这顿晚餐可以说是酒足饭饱。

第二天起床以后,陈崇楠已经把饭菜做好。几个拿手菜已经摆到了茶几上,就等他们两兄弟洗漱完后盛饭了。

吃过早饭,张支云抬起手腕看了一下表,一脸歉意地说道:"兄弟,我还要上班,不能陪你了。这么远来了,就多住几天,等我下班后咱们俩再聊。"

"大哥,您忙吧!我就不打扰了。我这个人小家子气,出不惯门,一会儿我就回茅台了。以后我会常来看您的,富杰就拜托给你了,他是我的儿子,也是您的儿子,让咱们老张家再出一个烧酒的把式我就知足了。"

"好吧,你想回就回吧。富杰在这儿有我呢,你就不要操心了,我一定会把他培养成人的。你回去好好照料你的那个家,现在改革开放了,能做的事多了,想办法把家里的日子过得好一点。"张支云本来就不会客套,也就没有挽留。

"老哥哥,我还有一个请求。"临出门时,张支培才觉得正事还没有说呢,吞吞吐吐地说道。

"有什么话尽管说,自家弟兄还吞吞吐吐干嘛?"张支云说道。

"老哥哥,自古以来拜师都要有个仪式,拜师仪式也是茅酒传承的一个规矩。我想定个时间给您和富杰搞一个拜师仪式。您看合适吗?"张支培请求道。

"解放后这个规矩早都没有了,我看算了吧。我已经收下了富杰这个徒弟,就会好好培养他,搞不搞仪式无所谓。"张支云笑着说道。

"老哥哥,还是破个例吧。传子不传媳,传男不传女,拜师要仪式,这是老规矩。咱们就做一个简单的仪式吧,权当了却你兄弟的心事。"

"好吧,就按你说的。我一辈子还没有这样收过徒弟呢,权当过个瘾!哈哈哈!"张支云半开玩笑地说道。

后来,在张支培的安排下,张富杰的拜师仪式就在茅台镇观音寺村张富杰家隆重举行了。张富杰也按照老规矩,成为了张支云一生中唯一的嫡传弟子。

1989年6月,为了提高工人和技术人员的素质,加快生产进度,在张支云的安排下,珍酒厂举行了一次上甄比赛。

比赛前夕,张支云亲自到各车间巡查了一遍,当他看到正在演练的张富杰时就问道:"富杰呀,你有多大的把握取胜?"

张富杰犹豫了一下说道:"拿回前三名没有问题!"

"混账!我要你拿回第一名!"张支云怒道。

看着张富杰没有说话,他又补充了一句:"如果排名二、三,就等于我白教你了。要是你给我拿不回第一名,以后我就不教你了!"

富杰赶紧回答道:"大伯放心,我一定夺回第一名!"

张支云看着一脸认真的张富杰满意地笑了。

珍酒厂的这一次上甄比赛全厂一共选拔了12名

选手。参加上甄比赛的人都是各车间各班组的精英。比赛的方法是：两个人为一组，每人各上一甄。上好甄之后自己蒸酒，自己取酒，看谁的数量多、品质好。然后相互交换甄子，再进行一次。六个甄子，十二个人轮流交换，进行淘汰赛。总酒师和车间酒师为裁判。

比赛中相互换甄的原因主要是考虑公道因素。因为甄子容量的大小，出酒量的多少肯定会有点差异。如果不换甄，比赛结果就不公平。

这场比赛，不仅是一场体力、速度的比赛，更是一场技术上的较量。比赛开始之后，张富杰迅速投入工作，他以最快的速度上满了甄子，然后开始蒸烧。

经过一番紧张的速度和技术的较量，第一轮比赛结果出来了。张富杰蒸出来的酒是 74.5 公斤，酒的度数为 53.5°。对手的数量是 72.8 公斤，酒的度数是 53.2°，比对方多了 2 公斤酒。

参赛双方换甄以后，各自便开始重新上甄、蒸烧。第二轮比赛的结果是：张富杰出酒是 74.1 公斤，酒浓度是 53.5°，对方出酒是 72.4 公斤，酒浓度是 53.2°。

比赛结束以后，张富杰兑现了对师父的承诺，在全厂的上甄比赛中一举夺得了冠军。

张支云在张富杰身上的确是下了功夫的。他将酿酒的全部技术如数传授给了张富杰，加上张富杰勤奋好学、悟性极高，对酒的品质有很好的洞察力，所以，张富杰进步非常快，很快成了全厂的标兵。

1990年，为了进一步提高生产效益和质量，张支云组织全厂中层以上干部到茅台酒厂参观学习。回到珍酒厂之后，厂里便成立了一个评酒小组，建立了评比制度，开始对各车间、各班组的入库酒、窖底酒、窖面、醇甜酒的品质进行质量评比。

因为有车间品酒的锻炼，加之张支云的经常指导，张富杰的品酒功力已为上乘，自然而然担任了评酒小组组长。

评酒当然是由总酒师、生产厂长张支云亲自主持。张支云本来就古板，他的要求很严厉：评酒时不准任何人说话，只能写出评语。每个小组成员写好评语后交给他。经过多轮评酒以后，张富杰品酒的功力让张支云非常满意，他心里很高兴，在以后的成品酒勾兑时，总要带上张富杰帮助工作。

成品酒的勾兑要求非常严格，库里的每一坛酒都要进行品尝，找出不同样的比例进行组合。组合以后进行大盘大勾。24小时之后，张支云让张富杰取样，品出不同的结果以后,看还差什么。差什么就调什么。张富杰品出的每一次结果,竟然都和老师一样。

带出这么一个好徒弟,张支云的心里哪能不高兴!

1985年到1990年,这五年期间,珍酒厂的发展之快,规模扩张之大是非常惊人的。1990年,珍酒厂的年产量达到了500吨(当年茅台酒厂的产量是1300吨),珍酒行销大江南北。珍酒和茅台酒一样,在市面上很难买到,就连本厂职工要买珍酒,都要一把手批条子。

1991年,珍酒荣获"中国国货精品金奖"。1992年,珍酒厂决定扩大生产规模,扩建规模的目标是年产量2000吨,一下子翻了四倍的规模是需要一大笔资金的,钱不够怎么办?到银行贷款。那时候,珍酒厂贷款是很容易的,一下子贷了两个多亿,轰轰烈烈的基建开始了。到了1994年,珍酒厂扩建规模达到了年产量1000吨,新增工人2000多人。天有不测风云,随着银根紧缩、市场萎缩,资金链开始断裂。在这种情况下,银行催债、税务催税、社会保险养老保险的沉重负担,珍酒厂陷入了困境。最严重的1996年,因为欠银行的债务,银行起诉到法院,法院查封了珍酒厂的资产。在这种情况下,工人们不得不离开厂子,自找门路。

张富杰也从此走上了自我创业之路!

张氏源传承列表

【第一代】

张支云

张支培

【第二代】

张富杰

张富贤

张富红

华茅传承

　　1996 年离开珍酒厂之后，张富杰便被茅台酒厂聘去培制香型酒（勾兑时使用的窖底酒、窖面酒等）。

　　张富杰在茅台酒厂待了四年，因厂里的工资不高，靠工资难以维持七口之家的生计（父母年迈、三个子女相继长大，妻子没有工作），他便辞职离开了茅台酒厂，以给民营酒厂勾兑酒来维持一家人的生活。在此期间，中国第一个民间自助式酒文化交流平台——北京璞之源文化发展有限公司，聘请他为该公司的工艺与技术总负责。他还被中国华夏交流协会聘为协会的副会长、贵州分会会长。

　　2008 年末，张富杰在探望师父的时候，师徒两人在谈到当前社会上茅台酒极缺，假酒盛行，老百姓很难买到真货的社会现象时，师父张支云说到："茅台酒的文化，是孝文化，是义文化，我们作为茅酒的传人，应该尽自己的力量为社会做点贡献,虽然我们不能扭转大局,但总能尽自己的一点力,让老百姓能够喝得上、喝得起真正的茅台的酱香酒。"

张富杰明白师父的意思,就和师父商议,自己来建一座酒坊,凭自己的手艺,为社会增加一些供应。

说动手就动手,张富杰开始借钱建厂。经过一番努力,2009年5月,一个自己设计、自己建设的作坊建成投产了。

观音寺特殊的紫色砂页岩地质结构,微量元素丰富、无污染的低硬度水质,100多种微生物赖以生存的独特的小气候环境,使张家的酒成为与产地密不可分、不可克隆的原产地域产品。酒生产出来了,叫个什么名字呢?因为他们师徒都是张姓,老张家出的茅酒,就将名字叫了"张茅"。后来又因是师父亲自指导,共同酿制,饮水思源,张富杰又将另一款酒叫了"张氏源"酒。

独特的地域环境、独特的酿造工艺、特殊的原材料,出自于酱香宗师、茅台酒文化活化石和他的关门弟子之手,使张茅酒、张氏源酒成为自然天成之作:酒质晶亮透明,微有黄色,酱香突出,令人陶醉,口味幽雅细腻,酒体丰满醇厚,回味悠长,品味正宗!

第一年生产了80吨优质茅酒,第二年产量达到了

100吨,第三年生产能力达到200吨。

为了让自己的酒厂健康发展,2012年7月,张富杰成立了"仁怀市张氏源酒业有限公司",逐步完善了相关手续。在产量不断增加的情况下,张富杰又开辟了一款"张尊"酒。取意为师父参与酿制、勾调的酒,品质至尊。

张氏源酒系列美酒的问世,以其上乘的质量,为打造茅台酱香型白酒产业基地增砖添瓦,为消费者提供了高品位、低价位的茅台系列美酒。

张氏源系列美酒面世之后,以其深厚的文化积淀与人文价值,向世界发出一张飘香的名片,以醉人的芳香在让世界了解自己的同时,也将华茅酒文化的魅力

第四代嫡传大师张富杰与作者陈生铠群

第四代嫡传大师张富杰与著名作家党忠义先生

和韵味淋漓尽致地展示给世界。张富杰也和师父一样，名声越来越大，前来拜访和要酒的人络绎不绝。

张富杰遵照师父"一定要把茅台酒的传统工艺传承好，把茅台酒文化一代一代传下去"的嘱托，一边按照传统工艺酿造优质的茅酒，一边开始筹备为华茅的前辈修祠建庙，筹备华茅文化园的建设，为传承华茅文化和传统工艺，坚持不懈地付出自己的努力。

根据本书作者陈生铠群和著名作家党忠义的共同要求，希望三代宗师张支云和四代嫡传大师张富杰，能按照周易五行学说，用回归自然、遵循道法的原理，调制出一款超凡脱俗的酱香型茅酒。

登天梯研发(图 1)

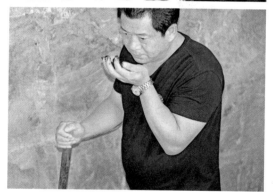

登天梯研发(图 2)

登天梯研发(图 3)

登天梯研发（图4）

登天梯研发（图5）

登天梯研发（图6）

登天梯研发(图7)

登天梯研发(图8)

登天梯研发(图9)

登天梯研发(图10)

著名作家党忠义，也就是流传广泛的《袁天罡与推背图》《华夏始祖》《酱香宗师》等书的作者，对周易学说和历史文化都有一定深度的研究。张支云和张富杰师徒与他多年交往并交情深厚，他们二人对他学识和智慧都很是敬佩，所以这个建议他们立刻采纳了。

为此，在师父张支云的指导下，在张富杰的努力下，2018 年 5 月 23 日，一款新型茅酒"登天梯群峰一号"诞生了。

笔者认为,品鉴"登天梯"这款华茅酒,品的是华茅
的文化、鉴的是华茅的传承。当你杯放唇边,嗅到的是
天地之精气、万物之灵魂;尝到的是人性之淳朴,心灵
之纯真;品到的是日月之光华、食物之清爽;感悟到的
是阴阳五行之精髓:水,水的淡薄无争;火,火的焰艳灼
烈;金,金的高贵典雅;木,木的药理自然、曲折随意;
土,土的厚德载物、大爱无言。

　　故而,"登天梯"让品者有一种"还自然一个公道"
的静气,终于"给人类一滴琼浆"之霸气。

　　"登天梯"的问世延续了华茅文化历史的长河。

打造华茅文化园　传承茅台酱香魂

● 缘起

　　誉满全球的琼浆玉液源出于贵州仁怀茅台镇，成义烧坊的华茅酒则是茅酒之源。茅台的琼浆玉液出自于那些神秘的酿酒大师，他们用双手、用汗水、用智慧、用激情、用灵魂，创造出了"超艺术"的极品，铸就了的茅台酒金色品质！但是，他们是谁世人却知之甚少，他们的事迹更是鲜为人知。茅台酒的历史和文化世人也知之不多。为了弘扬和传承优秀的民族文化，2017年11月22日，91岁的老泰斗张支云嘱托他唯一的嫡传爱徒张富杰为华茅的前辈建祠立庙、传承酱香文化和华茅工艺："我是华茅的传人，烧了一辈子酒，把酱香文化和茅酒工艺一代一代传承下去是我一生的情结。为华茅的前辈修祠建庙,传承酱香文化和茅酒工艺是我的心愿,我今年九十二岁了,希望我的徒儿张富杰以后能替我实现这个念想。"

2017年9月23日,江苏盐城刘我成先生和《酱香宗师》作者党忠义先生商议,根据华茅义文化的特点,在华茅文化的发祥地打造一个华茅文化园区。园区内将修建"华茅祖庭",建设"刘关张情谊缘茅酒文化旅游景区"等主要项目,旨在继承老祖宗义薄云天的豪情壮志和优秀品德,弘扬茅台酒的孝、义文化。为传承和弘扬中华文化,实现"中国梦"做出贡献。

2018年5月23日,笔者陈生铠群和著名作家党忠义先生、贵阳杜定清先生等人再次专程探望张支云,提出和张富杰一道,共同努力完成老人家心愿的打算。老酒师非常高兴,特意授权笔者和张富杰一起来完成华茅文化园的建设,他委托《酱香宗师》《中条第一禅林万古寺》作者党忠义先生代笔,亲自口述,写下了授权书:"我是华氏茅酒的传承人张支云,十一岁(1939年)到成义烧坊做酒,做了一辈子酒。今年九十二岁了,老了,做不动了。为了传承华茅文化,传承古老茅酒的工艺、技术，现授权我唯一的嫡传弟子张富杰（身份证号：52213019……）和陈生铠群（身份证号：53223319……）一起共同努力，把茅台酒文化发扬光大，了却我一生中唯一的心愿。"

缘于此，在《酱香宗师》作者党忠义先生的沟通、协调下，达成了"共同努力，打造华茅文化园，把华茅文化和茅酒工艺发扬光大"的共识，目前项目的可行性报告已经出炉，一座弘扬中华民族传统文化的文化园区将在茅台古镇即将动工。

●选址

华茅文化园项目选址在贵州省仁怀市茅台镇观音寺黑箐子山。

茅台镇观音寺社区是旅游资源丰富、多行业协调发展的城郊结合部社区，有茅台镇名优白酒展示一条街及红军四渡赤水纪念园等瞻观、旅游名胜，是仁怀至四川的咽喉要道，同时也是当年红军三渡赤水的革命圣地，是茅台镇的红色教育基地。

华茅文化园最新选址

主要经济产业:酱香型白酒酿造基地

——名特产品:酱香型白酒,红色旅游

——办公所在地:观音寺社区二组

——自然条件:环境优美、生态良好

——资源:白酒产业,旅游

● 依据

一、"太和烧坊"是至今唯一可考,较早酿制茅台美

酒的作坊。"实为'茅酒之源'"。

1851 年—1864 年,历时 14 年的战乱(太平天国运动)使茅台的烧坊变成了一片废墟。1862 年,西南首富华联辉(遵义县团溪人)为满足母亲渴望喝到茅台酒的愿望,于同治元年(1865 年)来到了茅台。到茅台之后,遇到了会烧酒的朱姓酒师(山西汾阳人,曾在杏花村酿酒,后贩猪来到茅台)。在朱酒师的帮助下,华联辉在茅台杨柳湾荒废的"太和烧坊"原址上创建了"成裕烧坊",恢复了中断七年的茅台酒生产,"成裕烧坊"后来更名为"成义烧坊"。酒坊建成之后,开始生产"茅台烧"。在烧酒的过程中,朱酒师根据东家华联辉的意图,研制"回沙茅"工艺。新工艺酿制出来的酒酒质晶亮透明,微有黄色,酱香突出,令人陶醉,口味幽雅细腻,酒体丰满醇厚,回味悠长!1915 年巴拿马万国博览会上被评为世界第二,与法国的科涅克白兰地、英国的苏格兰威士忌共享世界三大蒸馏酒的盛名,获得了金牌、奖凭(状),开创了中国白酒史上空前的神话。据《仁怀县志》记载:"1939 年在茅台杨柳湾侧出土清嘉庆八年(公元 1803 年)的化字炉上的'太和烧坊'是至今唯一可考,较早酿制茅台美酒的作坊。""实为'茅酒之源'"。

因创始人华联辉姓华，所以这一系的茅台酒传承就被称为"华茅"。

二、受华茅三代宗师、茅台酒文化活化石张支云之托，修建华茅祖庭。

华茅祖师朱酒师去世后，他的嫡传弟子郑应才担任了成义烧坊的大酒师。郑应才又先后培养了郑义兴、郑银安、郑永福、张支云为嫡传徒弟。解放后，老泰斗郑应才又带着成义烧坊、荣和烧坊、恒兴烧坊三家作坊的六位酒师（张支云、郑义兴、郑银安、郑永维、郑兴科）成为第一代茅台酒厂酿造的核心力量。其中，郑义兴、郑银安、张支云都是华茅的嫡传宗师。

1956 年 2 月 9 日，76 岁的酱香泰斗、茅酒宗师郑应才仙逝。之后，郑义兴担任了茅台酒厂副厂长，张支云担任茅台酒试验厂生产厂长、总工程师。1987 年，张支云收了自家堂侄、异地试验厂一班班长、酒师、一车间白酒评比小组组长张富杰为嫡传弟子。

现在，茅台酒厂的六位创始宗师有五位都已相继去了天国，唯只有华茅宗师张支云健在，建设华茅文化园是老泰斗的心愿，他嘱托徒弟张富杰来完成这个心愿。

三、政策依据

(1)国家发展和改革委员会、国务院西部地区开发领导小组办公室《西部大开发"十一五"规划》；

(2)《贵州省国民经济和社会发展第十二个五年规划纲要》；

(3)国发〔2014〕31 号《关于促进旅游业改革发展的若干意见》；

(4)国办发〔2015〕62 号》《关于进一步促进旅游投资和消费的若干意见》；

(5)国土资规〔2015〕10 号《关于支持旅游业发展用地政策的意见》；

(6)贵州省政府《关于深化旅游改革开放加快旅游业转型发展的若干意见》；

(7)贵州省人民政府办公厅《关于支持遵义市加快旅游业发展的意见》；

(8)贵州省旅游业"十二五"发展规划；

(9)《贵州省人民政府关于加强招商引资工作进一步扩大开放的意见》；

（10）《贵州省白酒产业振兴计划》；

（11）《省人民政府关于促进贵州白酒产业又好又快发展的指导意见》（黔府发〔2007〕36号）；

（12）《中共贵州省委、省人民政府关于实施工业强省战略的决定》；

（13）《贵州省"十二五"轻工业发展规划》；

（14）《贵州省"十二五"烟酒产业发展规划》；

（15）《贵州省工业和信息化发展专项资金管理办法（暂行）》和《2011年度贵州省工业和信息化发展专项资金项目申报指南》；

（16）《遵义市白酒产业聚集区（带）发展规划》；

（17）《遵义市名优白酒产业发展规划》《遵义市委、市人民政府关于重点扶持一批名优白酒企业发展的意见》；

（18）《遵义市白酒产业发展规划（2010——2020年)》；

（19）国家发改委颁发的《轻工业建设项目可行性研究报告编制内容深度规定》（QBJS5-2005)；

（20）国家发改委、建设部颁布的《建设项目经济评价方法与参数》第三版；

●内容

一、华茅祖庭

缘由：突出中国制造，彰显大国工匠。为民族英雄树碑立传。

神秘的酿酒大师是琼浆玉液的缔造者。他们用双手、用汗水、用智慧、用激情、用灵魂，创造出了"超艺术"的极品，铸就了的金色品质！但是，他们是谁世人却知之甚少，他们的事迹更是鲜为人知！

毋容置疑，他们只是千千万万个劳动者中默默无闻的一分子，他们的普通身影与企业家的光环与荣耀相比，显得黯然无色。但是，他们的社会价值却无以伦比！一代代酱香宗师们默默无闻地传承和弘扬着华夏文化的一个重要部分，对国家、对民族做出了巨大的贡献，是永远值得人们敬仰的民族精英！

华茅祖庭以祠堂形式建设，祖庭里面供奉华茅创始以来的业主和一代代宗师，即：华茅创始人华联辉、继承人华之鸿、华问渠和成立贵州省国营茅台酒厂之前的成义烧坊负责人张兴忠;供奉成裕烧坊"茅台烧"
的创始酒师朱先生、二代宗师郑应才、三代宗师郑义
兴、郑银安、张支云。华茅祖庭是祭祀成义烧坊先祖、先
师的场所,是茅酒文化、孝义文化、大国工匠文化传承
的载体和传统文化研究的场所。

二、茅酒文化展览馆

缘由:华茅为"茅酒之源"。

《仁怀县志》载:"1939 年在茅台杨柳湾侧出土清嘉
庆八年(公元 1803 年)的化字炉上的"太和烧坊"是至
今唯一可考,较早酿制茅台美酒的作坊。""实为'茅酒
之源'"。其产品酒质晶亮透明,微有黄色,酱香突出,令
人陶醉,口味幽雅细腻,酒体丰满醇厚,回味悠长!开拓
了白酒史上空前的神话,是与苏格兰威士忌、法国科涅
克白兰地齐名的三大蒸馏酒之一, 已有 800 多年的历
史。1915 年在巴拿马万国博览会上获金质奖章、奖状,
建国后,茅台酒又多次获奖,远销世界各地。有" "之称
的茅台酒,被誉为世界名酒、"祖国之光"。

琼浆源茅台,玉液出圣手。茅台的美酒素以酱香突
出、酒体醇厚、幽雅细腻、回味悠长、纯正舒适、口感协

调丰满、香而不艳、空杯留香、饮后不上头等特点而闻名天下。因其淳厚的历史及文化内涵，被中国历史博物馆永久收藏，成为中华"文化酒"的杰出代表。茅酒文化每一个细小的"侧面"都有着动人的历史故事，有着深厚的文化底蕴、文化积淀与人文价值。

中国人爱喝酒，但真正懂得酒文化的人并不多，祖先传下来的酒文化，中国人却知之甚少，这不能不说是一种遗憾。在华茅文化园建设酒文化展览馆，旨在让人们了解茅台，了解茅台酒的历史，了解茅台酒文化和茅台酒的酿制工艺。展馆里主要讲述茅台酒的起源、发展、演变，以及众多的历史知名人物来茅台镇品茅台酒的故事，讲红军与成义烧坊和华茅酒的故事。展馆以历代茅酒的展示、历代烧酒的工具以及历代人物塑像为主，以栩栩如生的 3D 动态展示，让人们在了解酒文化的同时，也了解了众多历史名家和茅台镇茅台酒的故事。馆中分设有官方和民间茅台老酒展厅、茅酒文化展厅、酿酒工艺展示区、品酒区、收藏区、鉴赏区、个人定制中心区等，并常年举办茅台酒工艺展、精品茅台酒展览、茅台书画展及茅台酒的品鉴会服务等各类展览及讲座，还定期策划组织专题展览，并举办文化交流讲座活动,开展咨询、鉴定以及个性化定制业务等。

三、孝道文化馆

缘由:华茅是因为创始人崇拜孝祖虞舜,缘一个儿子的孝心而诞生。

同治元年(1863年),华联辉在一次回家探母期间,78岁高龄的母亲对他说:前些年你曾给家里弄了些茅台那个地方的酒,我感觉非常好喝。那一时期,我在每顿吃饭时总要饮上几口。就感觉到那段时间精神焕发,浑身是劲。这些天不知怎么突然想喝那种酒了。华联辉听了母亲的话以后,马上派人到茅台去买酒。当手下空手而归时,他才知道茅台因为战争的破坏,已经没有酒坊了。华母闻讯,黯然伤神,竟茶饭不香,精神不振。这个孝顺的儿子在给母亲买不到茅台酒的情况下,专门到茅台开了个酒坊。后来,因为母亲喝上了她想喝的酒,心情舒畅,也因为茅台酒的养生功能,华联辉的母亲竟然活到了99岁。可谓:"孝心感天,天成人愿;成就大业,环球遍传。"

四、义文化馆

缘由：为了母亲的一点念想，华联辉专门到茅台开个酒厂。华联辉生产茅台酒的目的主要用于孝敬母亲，其次就是自用、馈赠亲友或宴请客人，初时的成裕烧坊规模不大。自从华茅酒问世以后，立刻受到了当时受惠者的赞不绝口，在社会上引起了很大的影响，前来索要、购买华茅酒的人络绎不绝。

为了让更多的人喝到茅台美酒，满足市场需求，华联辉开始扩建厂房，增加窖池。华联辉崇拜关公的义薄云天，处事以义气为重，他觉得，做酒、卖酒、喝酒，都应讲究一个"义"字。于是，他将扩大规模以后的作坊更名为"成义烧坊"。奠定了茅台酒"义"文化的魂。

随着市场需求的不断扩大，为了满足各方对华茅酒的需求，1870 年，华联辉又在四川设立了四川成义烧坊。规模与茅台镇成义烧坊不相上下。自此，华家在川黔两省酿酒，供应全国的一百二十家分号，为市场提供了大量的茅台美酒。

结义、结拜、歃血成为中华民族一种古老的传统形式。涵盖精诚团结、积极向上意义的义文化，是中华民族传统文化的精髓之一。结拜义薄云天，美酒豪爽狭义。结义离不开酒，酒总在结义的场面上，自古无一例外。结义的流行改变了中国社会的人际关系,结义兄弟可以肝胆相照,可以两肋插刀,人与人之间不是相互提防而是相互照应,这样的氛围促进了茶马古道日渐繁荣和流动社会的扩大,成为商品经济发展和社会进步的主要推动力之一。

"义文化"和"酒文化"是中国传统文化中的一对孪生兄弟,他们相依为命、相辅相成。将"义文化"和"酒文化"有机的融为一体,为的是更好的弘扬中国的传统文化。在义文化馆内塑义薄云天的关公像和刘关张结义塑像,设置供台及结义场所,为民间志同道合的仁人志士提供结义、结拜的场所,提供一个净化心灵,增加正能量的环境。

茅台酒文化的品性主要体现在"忠孝节义"四个字上,忠孝节义是茅台酒文化的魂。为国争光,诚于国事,谓之忠;儿遂母愿,殷勤于家,谓之孝;不羡繁华,不易其地,谓之节;以酒为体、以诚结交,谓之义。忠孝节义四全,是文化。园区内打造孝道文化馆和义文化馆就是为弘扬茅酒文化的魂。

五、储存专用库

张富杰在向杜定清介绍窖藏酒的工艺

缘由：扩大和提高张氏源酒业有限公司的生产能力和社会服务能力。

在扩大合作酒厂生产规模的同时，提高储存能力。为社会提供更多的、优质的、价格适宜的茅台地方美酒。

储存专用库主要功能有二：一是为合作酒厂提供储存条件，二是为会员和合作单位提供服务。

1、作坊基酒储存专用库6万平方米；

2、定制客户储存专用库1万平方米。

六、园区园林绿化和道路建设，旅游服务设施建设。

● 条件

茅台历朝都是黔北名镇，古有"川盐走贵州，秦商聚茅台"的繁华写照；域内白酒业历代兴盛，1915 年茅台酒在巴拿马万国博览会上荣获金奖，从此茅台镇誉满全球；1935 年中国工农红军长征在茅台三渡赤水，写下了中国革命史上的壮丽诗篇。茅台镇集厚重的古盐文化、灿烂的长征文化和神秘的酒文化于一体，被誉为"中国第一酒镇"，其区位优势非常优越。本项目选址在茅台镇观音寺黑箐子山，这是赤水河畔的一块风水宝地。站在黑箐子山，可将茅台全景一览无余；在茅台的任何一个地方，都可以看到刘关张情谊缘茅酒文化旅游景区。

●优势

一、文化优势

（一）酒文化优势

酒文化是中华民族数千年文明史在文化领域的一种缩影和结晶。

酒文化的形成是一个历史积累过程，文化酒也不是无源之水，其品牌在其自身领域中应带有强烈个性色彩，是唯一、排他和权威的。能够称为文化酒，至少应具有四个特征：其一，历史悠久；其二，工艺独特；其三，对社会政治、经济生活曾产生重大影响；第四，必须是健康酒、生态酒。茅台酒在众多的名酒中稳居首位，被誉为""、"礼宾酒"，是酒中珍品，国之瑰宝。其文化底蕴非常深厚。

品茅台酒，不仅是在品一种白酒、一种饮料，其实是在品一种特殊的文化，这是很难在其它白酒中找到的精神体验。茅台酒能够当之无愧登上中国的顶峰，跻身世界三大蒸馏酒名酒行列，正是因为过去和现在，她都在中文化大厦中占有重要地位，并作出了特殊贡献，没有文化的背景，所有的辉煌都不可想象。茅台酒在走向世界的同时，也把中华酒文化的的魅力尽情地展现给了世界。

（二）孝文化优势

孝道文化是中华民族重要的传统文化之一，中华民族历史悠久，华夏文明源远流长。在漫长的历史长河

谢师宴上张富杰与恩师张支云一起祭拜华茅始祖

谢师宴留念（左起第一排张支云及夫人邬远群，左起第二排：张支培、李洪涛、陈果、张富杰、主持人小丰、党忠义、裘利兴、杨顺雍、李宗国）

里积淀形成的优秀传统文化，是中华民族的灵魂，是凝聚中华民族的强大精神纽带，是中华民族数千年经久不衰的坚实基础。源自远古时期的孝悌文化，是华夏文明发展的根基。《论语·学而》："君子务本，本立而道生。孝弟也者，其为仁之本与！"孝悌为行仁开源，行仁为达道之本。孝悌、忠信、礼义、廉耻，是孔子的德育内容的全部精髓。"孝悌"是道德根"本"。茅台酒起源于华联辉的大孝，是值得弘扬民族美德。加强中华优良传统文化建设和教育，是不断满足人民群众日益增长的精神文化需求的需要，是促进经济社会发展的需要，是提高国人的综合素质,形成良好的社会风尚的需要。

(三)义文化优势

民族文化是一个民族精神情感的载体、民族特征的直接表现、民族凝聚力的所在。我们的国家,我们的民族,之所以能屹立于世界民族之林,就是因为有独特的民族文化。义文化是我们民族文化的一个重要部分。"义"是中国古代一种含义极广的道德范畴。本指公正、合理而应当做的。孔子最早提出了"义"。孟子则进一步阐述了"义"。他认为"信"和"果"都必须以"义也,无适也,无莫也,义之与比。"又:"君子喻于义,小人喻于利。"《孟子·离娄上》:"大人者,言不必信,行不必果,惟义所在。"在茅酒文化的内涵上,也突出体现在了"忠孝节义"四个字上,为国争光,诚于国事,谓之忠;儿遂母愿,殷勤于家,谓之孝;不羡繁华,不易其地,谓之节;护身健体,不伤饮者,谓之义。所以说,忠孝节义是茅酒文化的魂。

国人每提及"义",首当说关公。"义"是关羽精神品格的核心所在。刘备、关羽和张飞在涿郡张飞庄后那花开正盛的桃园,备下乌牛白马,祭告天地,焚香再拜,结为异姓兄弟,不求同年同月同日生,只愿同年同月同日死的故事流传千古,成为后人效仿的典范。关公的事迹更为后世颂扬,作为对手的曹操称其为"天下义士";玉帝感其忠义,死后封神,伏魔除祟,降福消灾。

"义"既是刘关张情、谊、缘,又是文化的魂,是为在黑箐子山打造刘关张情谊缘茅酒文化旅游景区的立意和目的。

二、技术优势

玉液出圣手。源于独特的地域环境、独特的酿造工

张富杰和
徒弟张桂英

张富杰和
徒弟张豪

张富杰和
徒弟陈星源

张富杰和
徒弟张贵州

艺、特殊的原材料,出自于华茅的嫡系传人、酱香宗师、茅台酒文化活化石张支云和他的嫡传弟子之手,使文化园系列酒成为自然天成之作:酒质晶亮透明,微有黄色,酱香突出,令人陶醉,口味幽雅细腻,酒体丰满醇厚,回味悠长,品味正宗,是正宗的茅台地方美酒。

四代嫡传大师张富杰带了四个徒弟,在老泰斗身体康健的情况下,指导徒子徒孙们把华茅酿制技能一代一代嫡传下去,确保华茅的品质和文化的传承。

三、合作优势

(一)上海稻香文化传媒有限责任公司,内蒙古麦克影视产业有限公司,温州永佳文化传媒有限公司,义字缘酒文化发展有限公司以及笔者陈生铠群名下的文化公司等,联合张氏源酒业有限公司共同打造华茅文化产业园。

(二)刘关张宗亲后裔亦可为项目合作的主力军,三姓后人效法祖宗,以前辈的忠、孝、仁、义、节、勇、诚、信为楷模,广泛交谊,沟通四海。讲信义、重承诺,崇尚正义,正直为人,立身处事,不违良知,为弘扬传统美德和民族文化,弘扬茅台酱香文化作出新的更大的贡献。

四、基础优势(张氏源酒业张富杰介绍)

张茅酒、张氏源酒、张尊酒系列产品已开发 10 年,虽受条件所限,年产量不高,但酒味纯正,品质高,且比茅台镇解放前三家作坊的总产量还多。为规模化生产奠定了良好的基础。新开发登天梯、刘关张系列酒,将会注入大量资金,逐步走向规模化生产之路。

茅台镇观音寺社区现在厂址

●分析

一、社会效益

（一）弘扬孝文化、义文化，有利于提升国人整体道德素质。习总书记说：国无德不兴，人无德不立。必须加强全社会的思想道德建设，激发人们形成善良的道德意愿、道德情感，培育正确的道德判断和道德责任，提高道德实践能力尤其是自觉践行能力，引导人们向往和追求讲道德、尊道德、守道德的生活风尚，形成向上的力量、向善的力量。只要中华民族一代接着一代追求美好崇高的道德境界，我们的民族就永远充满希望，就能不断为中国精神注入新能量。义文化是一种中国精神，是以孝悌、忠义为核心的民族精神，这种精神是凝心聚力的兴国之魂、强国之魂。

（二）弘扬华茅酱香文化，以其深厚的文化积淀与人文价值，向全世界发出一张飘香的名片，以醉人的芳香在让世界了解自己的同时，也将中华酒文化的魅力和韵味淋漓尽致地展示给世界。

（三）安排一批劳动力就业，直接就业 300 人，相关的旅游服务就业 600 人以上。

（四）提高当地居民的经济收入和生活水平。

（五）为茅台经济的发展做出较大的贡献。

二、经济效益

刘关张情谊缘茅酒文化旅游景区面向的是全球华夏儿女，是找回信仰，参拜祭祀的圣地，有其独特的服务功能；也有为民众提供质优价适酱香佳酿的服务功能，所以，在创造良好社会效益的同时，也会带来巨大的经济效益。

（一）面向的是全球华夏儿女，服务对象广泛。

（二）茅台酒及茅台酒文化的知名度很高。

(三)地理位置优越。交通便利，气候宜人，是游客比较喜欢的旅游目的地。

●意见

华茅文化园是一项综合性强、关联度高、产业链长、涉及面广、拉动力大的经济文化型产业，具有低消耗、低污染、低风险、可持续发展的特点，有"无烟"工业的美称。发展酒文化、孝义文化旅游业对于推进区域经

仁怀市白酒协会会长陈果（右）与著名作家党忠义先生交流华茅文化园项目。

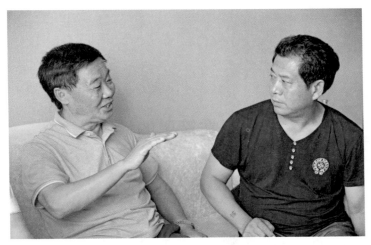

仁怀市白酒协会会长陈果（左）与张氏源
酒业张富杰交流华茅文化园相关事项。

济的发展，增加地方财政收入，增加就业具有极其重要
的作用。赤水河畔底蕴深厚的历史文化，风景秀丽的大
好河山，为华茅文化园的发起和发展奠定了良好的基
础。

张氏源有限公司张富杰介绍说：华茅文化园的建
设，符合国家的相关政策；有很高的社会效益和经济效
益；有丰富的客源市场；有历史考证和遗迹佐证，有着
诸多便利的客观条件；此项目还得到了仁怀市白酒协
会会长陈果以及社会各界人士的大力支持。

写在篇尾的话

　　赤水悠悠情义长,酱香一壶各自觞。华茅传承张氏酒,醉醒浮生梦黄粱。赤水河,张支云,酿出美酒敬苍茫。

　　2017 年夏天,我在北京和几个好友一起喝茶闲聊之时,贵阳好友杜定清给我来电说:在贵州茅台有一个关于华茅文化的交流研讨,让我陪他去考察交流一下。于是,我们约定了在昆明见面。还记得见面的那天晚上晚餐时,他拿出了一瓶"张尊酒"让我品尝,同时,给了我一本由著名作家党忠义先生编著的书《酱香宗师》给我,让我抽时间看看。饭后,我回到家里用了一个通宵的时间把书草草的看了一遍。说实话,我被书里的酒文化和人文精神所深深地打动,可以说是我从未接触过的酒中之情义所感染,是被一代又一代酒师对酒的那种义无反顾的情结触及我心灵深处,更准确的说是敬佩，酒师一生只做一件事的工匠精神所折服，突然间打心底里佩服他们的伟大。

当我被《酱香宗师》文化洗礼之后，我决定亲自踏上征程，去实地游历一番。当我到达茅台镇与现在唯独一个健在的酱香宗师张支云及其嫡传弟子张富杰见面交流后，真是有一种相见恨晚的感觉。同时，也体会到了作家党忠义先生在书里写的是有过之而无不及，这个时候我才真正的明白党忠义先生对酱香酒师的评价是没有一丝一毫的浮夸："赤水河畔茅台镇，酱香飘溢地球村。一九一五获金奖，回沙创始华联辉。玉液琼浆出圣手，朱师应才张支云。一脉嫡传第四代，新秀富杰艺绝伦"。华茅宗师大贤们为了寻求一滴与自然融合的琼浆，他们更有那种"不到黄河心不死"的执着，也正因为有了酒师们这一代又一代的付出，才给予了白酒华茅文化的精气与灵魂。

《华茅史话》的面世，首先我要特别感谢著名作家党忠义先生，他多年从事教育和行政工作，编辑出版过《华夏始祖》《袁天罡与推背图》《酱香宗师》《九州之冀风陵渡》《摇篮曲》等著作。在此次编著过程中付出很多心血，可以说，没有党先生的把控与给予，没有党先生的指导与教诲，没有党先生的无私与奉献，《华茅史话》

也不可能在这么短的时间与喜欢华茅酒文化的同道们见面。故而，我要和大家一起来感受先生的宽容大度，文质彬彬，古人风范，为了共同目标不惧成败的奉献精神。党先生是一个有着一颗像大海一样能包容万物的心灵，是一座能承受风霜成败的高山；他有"党辉沐育续长河，忠义千秋聚五色"的灵魂；他为了华茅文化的传承，多少年来"义务传扬酱香酒，作书立撰苦中乐"的静气与伟岸。更有的时候我们自以为是，乱谈一些学术观点，他总是静静地听着，报以憨厚的一笑而了之。

其次，我要由衷的感谢已经有九十二岁高龄的张支云老师、华茅第四代嫡传弟子张富杰酒师、仁怀市白酒协会会长陈果、张氏源酒业张支培老师、贵阳杜定清先生等在《华茅史话》采访编著过程中的大力支持。

最后，感谢86岁高龄的书法前辈辛希孟先生为本

书题写书名,给华茅文化增添了厚重的一笔。感谢运城市科普作家协会会长、著名作家闫爱武女士为本书作序和最后成稿付出的辛劳。

　　总之,作为一个从未编著过这类书籍的雏鸟,在很多章节上肯定有诸多的不足与失误,还恳请各位朋友和读者诸君看在往日的友情和新结的缘分上(读此书和此文者,皆是有缘之人),审阅此书后,还请您多提意见,多多斧正,好让再次出版时改正以及扩充资料为谢!

陈生铠群

2018 年 8 月 16 日于茅台镇